BEI GRIN MACHT SICH
WISSEN BEZAHLT

- Wir veröffentlichen Ihre Hausarbeit,
  Bachelor- und Masterarbeit

- Ihr eigenes eBook und Buch -
  weltweit in allen wichtigen Shops

- Verdienen Sie an jedem Verkauf

Jetzt bei www.GRIN.com hochladen
und kostenlos publizieren

Simone Witzel

Bestimmungsfaktoren für die Entwicklung des ökologischen Landbaus in Irland

GRIN Verlag

Bibliografische Information der Deutschen Nationalbibliothek:

Die Deutsche Bibliothek verzeichnet diese Publikation in der Deutschen National-
bibliografie; detaillierte bibliografische Daten sind im Internet über http://dnb.d-
nb.de/ abrufbar.

Impressum:

Copyright © 2006 GRIN Verlag GmbH
Druck und Bindung: Books on Demand GmbH, Norderstedt Germany
ISBN: 978-3-640-15482-1

GRIN - Your knowledge has value

Der GRIN Verlag publiziert seit 1998 wissenschaftliche Arbeiten von Studenten, Hochschullehrern und anderen Akademikern als eBook und gedrucktes Buch. Die Verlagswebsite www.grin.com ist die ideale Plattform zur Veröffentlichung von Hausarbeiten, Abschlussarbeiten, wissenschaftlichen Aufsätzen, Dissertationen und Fachbüchern.

Besuchen Sie uns im Internet:

http://www.grin.com/

http://www.facebook.com/grincom

http://www.twitter.com/grin_com

DIPLOMARBEIT

zum Thema

Bestimmungsfaktoren
für die Entwicklung des
ökologischen Landbaus in Irland

eingereicht von   *Simone Witzel*   am   *8.12.2005*

an der

Universität Rostock
Agrar- und umweltwissenschaftliche Fakultät
Fachbereich Agrarökologie
Institut für Management ländlicher Räume
Landwirtschaftliche
Betriebslehre und Management

Was ist Geld? Geld ist rund und rollt weg; aber Bildung bleibt.

Heinrich Heine

Danksagung

Zunächst möchte ich mich bei meinen Gutachtern, Herrn Dr. Wahl und Herrn Dr. Laschewski, für die Unterstützung bei der Erstellung dieser Diplomarbeit bedanken. Herrn Dr. Wahl danke ich für die ständige Gesprächsbereitschaft und Herrn Dr. Laschewski für das Vermitteln der Kontakte nach Irland.

Des Weiteren danke ich den Experten in Irland, die sich die Zeit für die Interviews genommen und mir dadurch sehr weiter geholfen hatten.

Ein großes Dankeschön gebührt meinen Freunden, die mich während der Anfertigung meiner Diplomarbeit und auch während des kompletten Studiums begleitet und unterstützt hatten. Ganz besonders möchte ich mich bei Ulrike Palme, Mandy Rickler und Johannes Saalfeld für ihre konstruktive Kritik und Hilfestellung bedanken.

Zu guter Letzt möchte ich mich auf diesem Wege bei meiner Familie bedanken, deren Hilfe mir das Studium ermöglichte und die immer hinter mir stand.

Inhaltsverzeichnis

I

Abbildungsverzeichnis

Tabellenverzeichnis

Abkürzungsverzeichnis

Abb.	Abbildung
AbL	Arbeitsgemeinschaft bäuerliche Landwirtschaft
AGÖL	Arbeitsgemeinschaft ökologischer Landbau
BDAAI	Bio-Dynamic Agricultural Association in Ireland
BMVEL	Bundesministerium für Verbraucherschutz, Ernährung und Landwirtschaft
bzw.	beziehungsweise
ca.	circa
CAP	Common Agricultural Policy
Co.	County
Co-op	Co-operation
DAF	Department of Agriculture and Food
DAFRD	Department of Agriculture, Food and Rural Development
EAGFL	Europäischer Ausgleichs- und Garantiefond für die Landwirtschaft
EFTA	European Free Trade Area
EG	Europäische Gemeinschaft
et al.	et alii (und andere)
etc.	etcetera
EU	Europäische Union
e. V.	eingetragener Verein
f.	folgende
ff.	fortfolgende
FAL	Bundesforschungsanstalt für Landwirtschaft
FiBL	Forschungsinstitut für Biologischen Landbau
GAK	Gemeinschaftsaufgabe Verbesserung der Agrarstruktur und des Küstenschutzes
GAP	Gemeinsame Agrarpolitik
ggf.	gegebenenfalls
ha	Hektar
Hrsg.	Herausgeber
i. d. R.	in der Regel
IFOAM	International Federation of Organic Agriculture Movements
IOFGA	Irish Organic Farmers' and Growers' Association
IOGA	Irish Organic Growers' Association
IOI	Irish Organic Inspectorate
LINNET	Land invested in Nature, natural eco-tillage
NPD	National Development Plan
Nr.	Nummer
OECD	Organisation for economic Co-operation and Development
ÖLB	Ökologischer Landbau

o. J.	ohne Jahr
o. O.	ohne Ort
ÖPUL	Österreichisches Programm zur Förderung einer umweltgerechten, extensiven und den natürlichen Lebensraum schützenden Landwirtschaft
OT	Organic Trust
pH	potentia hydrogenii
REPS	Rural Environment Protection Scheme
s.	siehe
S.	Seite
SA	Soil Association
SRB	Symbol Review Body
SÖL	Stiftung Ökologie und Landbau
Tab.	Tabelle
u. a.	unter anderem
vgl.	vergleiche
WDC	Western Development Commission
z. B.	zum Beispiel
z. T.	zum Teil

1 Einleitung

1.1 Ziel der Arbeit

Die ersten Bewirtschaftungsformen des ökologischen Landbaus entstanden Mitte der 1920er bis Mitte der 1950er Jahre hauptsächlich in Deutschland, der Schweiz und Großbritannien (vgl. KOMMISSION DER EUROPÄISCHEN GEMEINSCHAFTEN, 2002, S. 9). Über viele Jahrzehnte hinweg wurde der ökologische Landbau von sozialen Bewegungen weiterentwickelt und verbreitet (vgl. DABBERT, S., 2001, S. 39). Diese sozialen Bewegungen sahen in ihm ein Gegenmodell zur konventionellen Landwirtschaft und zur vorherrschenden Agrarpolitik (vgl. ebenda, S. 39). Ökolandbau blieb innerhalb der Landwirtschaft bis Ende der 1980er Jahre jedoch eine Randerscheinung. Diese Situation änderte sich um das Jahr 1990, als der ökologische Landbau in das Interessenfeld der europäischen Agrarpolitik rückte. Die Europäische Union und die einzelnen europäischen Länder begannen zunehmend, ökologische Bewirtschaftungsmaßnahmen zu fördern. Hinzu kam ein gesteigerter Wunsch von Verbrauchern nach ökologischen Produkten. Diese Entwicklungen führten zu einem rapiden Anstieg der ökologisch bewirtschafteten Fläche innerhalb Europas. Mehr und mehr landwirtschaftliche Betriebe wurden auf den ökologischen Landbau umgestellt oder neu gegründet. Der Prozess innerhalb des ökologischen Landbaus, von einer Verbreitung dessen durch eine soziale Bewegung hin zu einer Förderung und Reglementierung dessen, führte jedoch zu Spannungen innerhalb der sozialen Bewegung.

Ziel dieser Arbeit ist es, diesen Prozess beispielhaft anhand der Entwicklung des ökologischen Landbaus in Irland darzustellen. Darüber hinaus soll diese Entwicklung in den europäischen Kontext eingeordnet und mit den Situationen in anderen Ländern verglichen werden. Die vorliegende Diplomarbeit stellt ein Desiderat der Wissenschaft dar, weil vergleichende Arbeiten, die sowohl die historische Entwicklung des ökologischen Landbaus in Irland als auch dessen gegenwärtige Situation schildern, bislang fehlen.

1.2 Aufbau der Arbeit

Zur Einführung in die Thematik des ökologischen Landbaus werden in Kapitel 2 „Allgemeines über den ökologischen Landbau" der ökologische Landbau definiert, die Begriffe ökologischer, biologischer und organischer Landbau gegeneinander abgegrenzt und die bedeutendsten Richtungen innerhalb des ökologischen Landbaus näher erläutert. Weiterhin werden die wichtigsten Richtlinien und Organisationen des ökologischen Landbaus näher dargestellt. Dazu zählen die International Federation of Organic Agriculture Movements, die Gesetzgebung innerhalb der Europäischen Union und die Verbände des ökologischen Landbaus in Deutschland und Irland. Am Ende dieses Kapitels wird die Ausgestaltung der Fördermaßnahmen innerhalb der Europäischen Union aufgezeigt. Eine Wertung und Interpretation der dargestellten Sachverhalte erfolgt in den jeweiligen Textabschnitten.

In Kapitel 3 wird der ökologische Landbau als Untersuchungsgegenstand in den Sozialwissenschaften dargestellt. Besonderes Augenmerk wird hierbei auf den ökologischen Landbau im Kontext sozialer Bewegungen gelegt. Die Möglichkeiten, ökologischen Landbau als Innovation und aus Sicht der Transaktionskostentheorie zu betrachten, werden darüber hinaus als Exkurse vorgestellt. Im Rahmen dieser Arbeit wurden diese Punkte jedoch nicht näher behandelt, da sie vermutlich den Rahmen der Diplomarbeit gesprengt hätten.

In Kapitel 4 „Material und Methoden" werden zunächst die wichtigsten Literaturquellen genannt, die im Rahmen des Literaturstudiums ausgewertet wurden. Ein Teil der Ergebnisse wurde mittels sieben Experteninterviews gewonnen, so dass die Grundlagen der Fragestellung und der Befragung, das Interview und das Experteninterview näher erklärt werden. Darüber hinaus wird die Vorgehensweise hinsichtlich der durchgeführten Experteninterviews explizit erläutert.

Im fünften Kapitel werden die Entwicklungen des ökologischen Landbaus in Europa zusammengefasst, um die Situation in Irland besser einordnen zu können. Es werden Gründe für die regionale Verteilung des ökologischen Landbaus in Europa genannt, die Entwicklungen der Märkte für Ökoprodukte aufgezeigt und ein kurzer Einblick in die Forschung im Bereich Ökologischer Landbau gegeben.

Das sechste Kapitel behandelt ausführlich die Entwicklung des ökologischen Landbaus in Irland. Anhand eines historischen Überblickes in Kapitel 6.1 wird die Bedeutung von sozialen Bewegungen für die Ausbreitung dieser Wirtschaftsweise in Irland explizit erläutert. Weiterhin wird in Kapitel 6.2 die gegenwärtige Situation des ökologischen Landbaus in Irland detailliert aufgezeigt. Die staatlichen Förderprogramme der irischen Regierung werden erklärt und Forschungs-, Ausbildungs- und Beratungsmöglichkeiten dargestellt. Darüber hinaus wird veranschaulicht, wer die Menschen sind, die ökologischen Landbau betreiben, welche Gründe für und welche gegen eine Umstellung auf den ökologischen Landbau sprechen und welchen Problemen und Hindernissen sich der ökologische Landbau gegenüber sieht. In das Kapitel 6 fließen sowohl Ergebnisse aus der Literaturauswertung als auch die Resultate der Experteninterviews ein. Des Weiteren werden die Ergebnisse mit denen aus anderen Ländern verglichen, um die Situation des ökologischen Landbaus in Irland in den europäischen Kontext einordnen zu können. Eine Interpretation und Wertung der Ergebnisse erfolgt in den jeweiligen Textabschnitten.

In Kapitel 7 werden die wichtigsten Ergebnisse diskutiert, Möglichkeiten für weitere Forschungen aufgezeigt und Schlussfolgerungen aus den gewonnen Erkenntnissen gezogen.

Die Diplomarbeit wird mit der Zusammenfassung und mit einer englischen Summary in Kapitel 8 abgeschlossen.

2 Allgemeines über den ökologischen Landbau

2.1 Was ist ökologischer Landbau?

Der ökologische Landbau stellt eine Anbaualternative zur konventionellen Landwirtschaft dar und ist „eine ganzheitliche, moderne Form der Landbewirtschaftung" (WILLER, H. et al. 2002, S. 11). Nachhaltigkeit, Kreislaufwirtschaft und ganzheitliches Systemdenken stehen im Mittelpunkt dieser Bewirtschaftungsform (vgl. HERRMANN, G., PLAKOLM, G., 1993, S. 27). Ein grundlegendes Prinzip ist der Schutz der Natur und des Bodens (vgl. YUSSEFI, M., WILLER, H., 2002, S. 10). Ein vielfältiges „System von sich gegenseitig ergänzenden und bedingenden umweltverträglichen Maßnahmen unter Mithilfe der regulierenden Wirkung des Ökosystems" (HERRMANN, G., PLAKOLM, G., 1993, S. 27) gewährleistet die Nachhaltigkeit und Gesundheit des „Betriebsorganismus" (ebenda, S. 27). Innerhalb des Betriebes sollte ein möglichst geschlossener Kreislauf entstehen (vgl. WILLER, H., 1992, S. 5; vgl. OESTERDIEKHOFF, G. W., 2002, S. 35). Der Zukauf von Dünge-, Pflanzenschutz- und Futtermitteln sollte weitgehend eingeschränkt werden (vgl. WILLER, H., 1992, S. 5; vgl. OESTERDIEKHOFF, G. W., 2002, S. 35). Auf den Einsatz von leichtlöslichen chemisch-synthetischen Betriebsmitteln, wie Pharmazeutika, Dünge- und Pflanzenschutzmittel, wird verzichtet (vgl. HERRMANN, G., PLAKOLM, G., 1993, S. 27; vgl. YUSSEFI, M., WILLER, H., 2002, S. 10; vgl. OESTERDIEKHOFF, G. W., 2002, S. 35). Stattdessen werden zum Erhalt der Bodenfruchtbarkeit und der Pflanzengesundheit Maßnahmen „wie vielseitige Fruchtfolge, verlustmindernde [sic!] Wirtschaftsdüngerbehandlung, mechanische Unkrautregulierung" (HERRMANN, G., PLAKOLM, G., 1993, S. 27; vgl. OESTERDIEKHOFF, G. W., 2002, S. 35) eingesetzt. Tiere werden „artgerecht in Bodenhaltung und Freilauf" (OESTERDIEKHOFF, G. W., 2002, S. 36) gehalten. Gentechnik ist im ökologischen Landbau verboten (vgl. THE DEPARTMENT OF AGRICULTURE AND FOOD [DAF], 2002, S. 13). In der Vermarktung der hofeigenen Produkte sind die Direkt- und Regionalvermarktung diejenigen Marketingkonzepte, welche dem Nachhaltigkeitskonzept am ehesten entsprechen (vgl. OESTERDIEKHOFF, G. W., 2002, S. 40).

2.1.1 Abgrenzung der Begriffe ökologischer, biologischer und organischer Landbau

Der Begriff „Ökologischer Landbau" ist seit fast 30 Jahren „auf internationaler Ebene durch die IFOAM-Basisrichtlinien [*International Federation of Organic Agriculture Movements*] zur ökologischen Landbauwirtschaft definiert" (YUSSEFI, M., WILLER, H., 2002, S. 10; siehe Kapitel 2.2.1). In Deutschland werden größtenteils die Begriffe „ökologische Landwirtschaft", „ökologischer Landbau" oder „Ökolandbau" verwendet (vgl. KOEPF, H. H. et al., 1996, S. 51; vgl. YUSSEFI, M., WILLER, H., 2002, S. 11). Auch in anderen Ländern, wie z. B. in Schweden, Dänemark und Norwegen, wird „diese Wirtschaftsweise in den jeweiligen Nationalsprachen [...] „ökologisch" genannt" (YUSSEFI, M., WILLER, H., 2002, S. 11). Im englischsprachigen Raum hat sich die Bezeichnung „organic farming" („organischer Landbau") durchgesetzt (vgl. ebenda, S. 11) [s. Kapitel 2.1.2.3]. In anderen Ländern, z. B. Schweiz, Österreich, Italien, Frankreich und z. T. auch in Deutschland, wird der Begriff „biologisch" verwendet (vgl. ebenda, S. 11). Verwechslungen mit dem *biologisch-dynamischen Landbau* sind hierbei möglich, zumal der Begriff „biologisch" jahrelang nur im Zusammenhang mit der biologisch-dynamischen Wirtschaftsweise genannt wurde (vgl. KOEPF, H. H. et al., 1996, S. 51) [s. Kapitel 2.1.2.1]. Darüber hinaus kann auch die deutsche Übersetzung „organischer Landbau" des englischen „organic farming" zu Verwechslungen mit der *organisch-biologischen Wirtschaftsweise* führen (vgl. ebenda, S. 51) [s. Kapitel 2.1.2.2].

2.1.2 Die wichtigsten Richtungen innerhalb des ökologischen Landbaus

Innerhalb des ökologischen Landbaus sind vor allem zwei Hauptrichtungen festzustellen, die *biologisch-dynamische* und die *organisch-biologische Wirtschaftsweise* (vgl. NEUERBURG, W., PADEL, S., 1992, S. 5; vgl. HERRMANN, G., PLAKOLM, G., 1993, S. 30; vgl. WILLER, H. et al., 2002, S. 13). In Großbritannien hat sich die Wirtschaftsweise des *organic farming* herausgebildet (vgl. WILLER, H., 1992, S. 6). Die verschiedenen Richtungen innerhalb des ökologischen Landbaus „haben viele Maßnahmen und Grundanliegen gemeinsam" (KOEPF, H. H. et al., 1996, S. 52). Als wichtigste Gemeinsamkeit ist das ökologische Denken zu nennen (vgl. ebenda, S. 52).

2.1.2.1 Die biologisch-dynamische Wirtschaftsweise

Die *biologisch-dynamische Wirtschaftsweise* entstand in den 1920er Jahren und gründete sich auf die anthroposophische Lehre[1] Dr. Rudolf Steiners (1861 – 1925) (vgl. VOGTMANN, H., 1992, S. 320; HERRMANN, G., PLAKOLM, G., 1993, S. 30; vgl. KOEPF, H. H. et al., 1996, S. 17; vgl. WILLER, H. et al., 2002, S. 13). Vor allem seine acht Vorträge zum Thema „Geisteswissenschaftliche Grundlagen zum Gedeihen der Landwirtschaft", die er Pfingsten 1924 auf dem Gut Koberwitz bei Breslau hielt, sorgten für eine Ausbreitung der *Anthroposophie* und der *biologisch-dynamischen Landwirtschaft* (vgl. SATTLER, F., VON WISTINGHAUSEN, E., 1989, S. 11; vgl. HERRMANN, G., PLAKOLM, G., 1993, S. 30; KOEPF, H. H., VON PLATO, B., 2001, S.36ff.; vgl. WILLER, H. et al., 2002, S. 13; vgl. MOORE, O., 2003, S. 4). Innerhalb der *Anthroposophie* wird der landwirtschaftliche Betrieb als „Organismus" (HERRMANN, G., PLAKOLM, G., 1993, S. 30; vgl. VOGTMANN, H., 1992, S. 320; vgl. WILLER, H. et al., 2002, S. 13), „als organisches, vielseitiges Ganzes" (HERRMANN, G., PLAKOLM, G., 1993, S. 30) aufgefasst. Das Ziel der *biologisch-dynamischen Landwirtschaft* besteht in der Schaffung und Erhaltung eines

---

[1] In der Lehre der *Anthroposophie* werden Lebenszusammenhänge in einem breiterem Zusammenhang betrachtet als in anderen Wissenschaftszweigen (vgl. HERRMANN, G., PLAKOLM, G., 1993, S. 30). Ein Charakteristikum der anthroposophischen Lehre ist das ganzheitliche Weltbild, das Spirituelles und die Konstellation von Gestirnen umfasst (vgl. VOGTMANN, H., 1992, S. 320; vgl. HERRMANN, G., PLAKOLM, G., 1993, S. 30; vgl. WILLER, H. et al., 2002, S. 13; vgl. MOORE, O., 2003, S. 22). Neben der Landwirtschaft umfasst die *Anthroposophie* z. B. auch die Medizin (Homöopathie), Pharmazie, Pädagogik (Waldorfschulen) und Kunst (vgl. HERRMANN, G., PLAKOLM, G., 1993, S. 30).

standortgemäßen, sinnvoll geschlossenen, arbeits- und marktgerechten Betriebsorganismus (vgl. SATTLER, F., VON WISTINGHAUSEN, E., 1989, S. 11; vgl. KOEPF, H. H. et al., 1996, S. 18). Darüber hinaus werden die Pflege und Ausgestaltung des Hofes als sinnvolle und erfüllende Aufgabe der Menschengemeinschaft, die dort lebt und arbeitet, angesehen (vgl. SATTLER, F., VON WISTINGHAUSEN, E., 1989, S. 13). Charakteristisch in der *biologisch-dynamischen Landwirtschaft* ist die Anwendung spezifisch wirkender natürlicher Präparate[2], die nach Möglichkeit vom Landwirt selbst hergestellt werden sollten (vgl. SATTLER, F., VON WISTINGHAUSEN, E., 1989, S. 13; vgl. HERRMANN, G., PLAKOLM, G., 1993, S. 30; vgl. WILLER, H. et al., 2002, S. 13). Weltweit übernehmen die *Demeter –* Anbauverbände der jeweiligen Länder die Kontrolle und Zertifizierung von biologisch-dynamischen Betrieben und Produkten (vgl. VOGTMANN, H., 1992, S. 321; vgl. KOEPF, H. H., VON PLATO, B., 2001, S. 339).

2.1.2.2 Der organisch-biologische Landbau

Der *organisch-biologische Landbau*[3] wurde nach dem Zweiten Weltkrieg von dem Schweizer Agrarpolitiker Dr. Hans Müller (1891 – 1988) und dessen Frau Maria (1894 – 1969) gegründet (vgl. NEUERBURG, W., PADEL, S., 1992, S. 5 und S. 10f.; vgl., VOGTMANN, H., 1992, S. 321; vgl. HERRMANN, G, PLAKOLM, G., 1993, S. 31; vgl. WILLER, H. et al. 2002, S. 14). Das Ehepaar setzte sich bereits in den 1920er Jahren „für den Fortbestand einer bäuerlichen Landwirtschaft ein" (WILLER, H., 2002, S. 14). Ein wichtiges Anliegen für Maria Müller war es, den Typus eines biologischen Hausgartens zu entwickeln (vgl. ebenda, S. 14). Der Arzt und Mikrobiologe Dr. Hans Peter Rusch (1905 - 1977) lieferte mit seinem Buch „Bodenfruchtbarkeit", „in dem er sich mit der Bodenmikrobiologie und ihrer entscheidenden Rolle für die Bodenfruchtbarkeit auseinandersetzte" (VOGTMANN, H., 1992, S. 321), die wissenschaftliche Grundlage für den *organisch-biologischen Landbau* (vgl.

---

[2] Die wichtigsten Präparate sind die *Kompost-* und die *Feldspritzpräparate* (vgl. HERRMANN, G., PLAKOLM, G., 1993, S. 30f.). Die *Kompostpräparate*, die aus verschiedenen Pflanzen bestehen, werden, meistens in tierischen Hüllen, während einer bestimmten Jahreszeit im Ackerboden vergraben. Sie werden Kompost und Mist zugefügt, um deren Verrottung zu beschleunigen (vgl. ebenda, S. 30). Die *Feldspritzpräparate* bestehen entweder aus Kuhmist oder Quarz. In Kuhhörner gefüllt, werden sie ebenfalls über bestimmte Jahreszeiten im Ackerboden vergraben. Sie werden entweder direkt auf den Ackerboden oder auf die Pflanzen gegeben und sollen so das Bodenleben und das Wurzelwachstum anregen bzw. die Qualität der Ernteprodukte steigern (vgl. ebenda, S. 31).
[3] Die Interessen der organisch-biologischen Betriebe in Deutschland werden vom Bioland-Verband vertreten (vgl. NEUERBURG, W., PADEL, S., 1992, S. 10f.).

7

NEUERBURG, W., PADEL, S., 1992, S. 5 und S. 11; vgl. VOGTMANN, H., 1992, S. 321; vgl. HERRMANN, G, PLAKOLM, G., 1993, S. 32; vgl. WILLER, H. et al., 2002, S. 14). Dr. Müller setzte die von Dr. Rusch gefundenen bakteriologischen Forschungsergebnisse und die von seiner Frau im eigenen Hausgarten geprüften wissenschaftlichen Neuerungen in die bäuerliche Praxis um (vgl. NEUERBURG, W., PADEL, S., 1992, S. 11; vgl. LÜNZER, I., 2002, S. 160). Als wichtigstes Kennzeichen des *organisch-biologischen Landbaus* ist die Flächenkompostierung anzusehen (vgl. HERRMANN, G, PLAKOLM, G., 1993, S. 32). Der Wirtschaftsdünger wird größtenteils nicht kompostiert, „sondern hauptsächlich als „Frischmistschleier" möglichst oft und dünn ausgebracht" (ebenda; vgl. VOGTMANN, H., 1992, S. 321). NEUERBURG, W. und PADEL, S. (1992, S. 11) fassen die Hauptziele des *organisch-biologischen Landbaus* wie folgt zusammen:

1. Erhaltung der Bodenfruchtbarkeit aus den eigenen Kräften des Betriebes
2. Schonung von natürlichen Ressourcen
3. Ausnutzung natürlicher Regelmechanismen im Ökosystem
4. weitgehend geschlossene Betriebskreisläufe
5. artgemäße und Flächen gebundene Tierhaltung
6. Erzeugung von hochwertigen Lebensmitteln

2.1.2.3 Organic farming (organischer Landbau)

Organic farming (organischer Landbau) ist die in Großbritannien dominierende Richtung des ökologischen Landbaus (vgl. WILLER, H., 1992, S. 6). Entwickelt wurde die Wirtschaftweise des *organischen Landbaus* von Lady Eve Balfour (1899 – 1990) und Sir Albert Howard (1873 – 1947) (vgl. ebenda, S. 6; vgl. LÜNZER, I., 2002, S. 166 und 180). Lady Eve Balfour veröffentlichte bereits 1943 ihr Buch „The living Soil" („Der lebende Boden"), in dem „sie sich mit dem Zusammenhang zwischen der Gesundheit von Boden, Pflanze und Mensch" (LÜNZER, I., 2002, S. 166) beschäftigte. Der diplomierte Landwirt Sir Albert Howard entwickelte ein spezielles Kompostverfahren und publizierte 1947 das Buch „My Agricultural Testament" („Mein landwirtschaftliches Testament") (vgl. WILLER, H., 1992, S. 6; vgl. LÜNZER, I., 2002, S. 180). Beide gründeten 1946 die *Soil Association* (vgl. PADEL, S., MICHELSEN, J., 2001, S. 398; vgl. SOIL ASSOCIATION, History, 2005) [s. Kapitel

8

6.1.1]. Von besonderer Bedeutung im *organischen Landbau* ist die *Kompostierung* (vgl. WILLER, H., 1992, S. 6). Im *organischen Landbau* werden alle anfallenden pflanzlichen und tierischen Abfälle kompostiert und mittels spezieller Maßnahmen[4] aufbereitet, um den Mikroorganismen des Bodens optimale Bedingungen zu garantieren. Des Weiteren ist das *Wechselgrünland* für diese Wirtschaftsweise von großer Bedeutung. Innerhalb der Fruchtfolge werden mehrjährige Kleegraswiesen (so genannte „leys") mit abwechslungsreicher Flora eingesetzt (vgl. ebenda, S. 6).

2.2 Richtlinien und Organisationen des ökologischen Landbaus

Die Richtlinien des ökologischen Landbaus sind seit 1991 durch die EG-Verordnung 2092/91 (vgl. SCHMIDT, H., HACCIUS, M., 1994, S. 22; vgl. BUNDESMINISTERIUM FÜR VERBRAUCHERSCHUTZ, ERNÄHRUNG UND LANDWIRTSCHAFT [BMVEL], o. J.; vgl. DABBERT, S., 2001, S. 40) als Rahmengesetze festgelegt. Weltweit gelten die Basisrichtlinien der *International Federation of Organic Agriculture Movements* (IFOAM), an welche die EG-Verordnung 2092/91 anknüpft, als gesetzliche Grundlage des ökologischen Landbaus (vgl. BMVEL, o. J.). Die Länderverbände müssen sich an die Basisrichtlinien der IFOAM halten und sofern sie auch Mitglieder der EU sind, auch an die Rahmengesetze der EU (vgl. ebenda). Die einzelnen Verbände können jedoch strengere Richtlinien erlassen (vgl. DABBERT, S. et al., 2002, S. 47). In den meisten Fällen entwickelten die Ökoverbände ihre Richtlinien lange bevor die IFOAM und die EU ihre Gesetze erließen (vgl. LAMPKIN, N. et al., 2001, S. 393). Die Standards der jeweiligen Anbauverbände spiegeln auf der einen Seite regionale Unterschiede „in den Produktionsbedingungen und sogar in den Verbrauchererwartungen" (DABBERT, S. et al., 2002, S. 47) wider. Auf der anderen Seite können strengere Richtlinien von den Vertretern der Anbauverbände „als eine Art ideologischer Grenzzaun" (ebenda, S. 47) aufgefasst werden, „um die „einzig wahren Ökos" von den „Mitläufern" zu trennen" (ebenda, S. 47).

---

[4] Um optimale pH-Wert – Bereiche für die Mikroorganismen zu garantieren, werden als Säurebinder kohlensaurer Kalk, pulverisierter Kalkstein, Holzasche, Erde und Blutmehl dem Kompost zugefügt (vgl. WILLER, H., 1992, S. 6).

2.2.1 International Federation of Organic Agriculture Movements

Der internationale Dachverband der ökologischen Landbauorganisationen ist die *International Federation of Organic Agriculture Movements* (IFOAM; die *Internationale Vereinigung Ökologischer Landbaubewegungen*) (vgl. YUSSEFI, M., WILLER, H. et al., 2002, S. 15). Diese Organisation wurde bereits 1972 in Versailles gegründet (vgl. VOGTMANN, H. et al., 1986, S. 9; vgl. GEIER, B., 1998, S. 373; vgl. KOEPF, H. H., VON PLATO, B., 2001, S. 326[5]; vgl. WILLER, H. et al., 2002, S. 15). Die Hauptaufgabe der IFOAM liegt in der „Koordination des weltweiten Netzwerks der ökologischen Landbaubewegung" (GEIER, B., 1998, S. 371; vgl. IFOAM, 2000, S. 5). 1989 erließ die Organisation die so genannten Basisrichtlinien, die internationale Gültigkeit besitzen und bislang in 19 Sprachen übersetzt wurden (vgl. VOGTMANN, H., 1992, S. 327; vgl. IFOAM, 2000, S. 5). Mittlerweile sind der IFOAM rund 740 Organisationen aus über 100 Ländern angeschlossen (vgl. BMVEL, o. J.). Jene Dachorganisation vertritt die Interessen von Einzelpersonen, von Anbauverbänden und auch von Gruppen und Verbänden aus den Bereichen Forschung, Entwicklung und Lehre (vgl. VOGTMANN, H. et al., 1986, S. 9). Die IFOAM stellt eine demokratische Föderation dar und ist basisdemokratisch orientiert (vgl. IFOAM, 2000, S. 5). Im Fokus der Arbeit der IFOAM stehen (GEIER, B., 1998, S. 371; vgl. IFOAM, 2000, S. 5):

1. „Austausch von Wissen und Erfahrung unter den Mitgliedsorganisationen
2. Öffentlichkeitsarbeit
3. Vertretung der ökologischen Landbaubewegung in internationalen Institutionen
4. Formulierung und ständige Überwachung der internationalen IFOAM-Basisrichtlinien
5. Gewährleistung einer internationalen Garantie für biologische Zertifizierung durch das IFOAM-Akkreditierungsprogramm"

---

[5] KOEPF, H. H. und VON PLATO, B. (2001, S. 326) geben jedoch die Schweiz als Gründungsort an.

2.2.2 Die Gesetzgebung in der Europäischen Union

Als Resultat auf die Umweltbewegung in den 1980er Jahren erlebten die Märkte für Ökoprodukte einen spürbaren Aufschwung (vgl. DABBERT, S., 2001, S. 39f.). Da Ökoprodukte in einigen europäischen Ländern zu einem höheren Preis als konventionelle Güter verkauft wurden [und auch immer noch werden], kamen auch „Pseudo-Bioprodukte" (DABBERT, S., 2001, S. 40) in den Handel, was auf eine unklare gesetzliche Regelung der Begriffe „öko" und „bio" zurückzuführen war (vgl. ebenda, S. 40). „Echte" Ökoprodukte waren von „Pseudo-Bioprodukten" (ebenda, S. 40) schlecht zu unterscheiden. Nun war ein politisches Eingreifen gefordert, da „Märkte nur funktionieren [können], wenn ein gewisses Mindestmaß an Transparenz und Produktidentität sichergestellt ist" (ebenda, S. 40; vgl. DABBERT, S. et al., 2002, S. 74). Darüber hinaus gewann die Umweltbewegung in den 1980er Jahren beachtlichen politischen Einfluss (vgl. DABBERT, S. et al., 2002, S. 10). In der Bevölkerung wuchs das Interesse an Umweltfragen und somit auch die Unterstützung für den ökologischen Landbau (vgl. ebenda, S. 10). Daher wurde 1991 eine EG-Verordnung [2092/91 vom 24.06.1991] erlassen, welche die Erzeugung, Verarbeitung, Etikettierung und Kontrolle von Ökoprodukten für alle Mitgliedsstaaten verbindlich regelt (vgl. NEUERBURG, W., PADEL, S., 1992, S. 50f; vgl. SCHMIDT, H., HACCIUS, M., 1994, S. 22; vgl. ANONYMUS, 2003, S. 132; vgl. OESTERDIEKHOFF, G. W., 2002, S. 36). Allerdings wird durch diese Verordnung nur der ökologische Pflanzenbau definiert, was einen extremen Gegensatz zum Ideal des ökologischen Betriebes als ganzheitliche Einheit darstellt (vgl. HERRMANN, G., PLAKOLM, G., 1993, S. 27; vgl. LAMPKIN, N., 1998, S. 18; vgl. DABBERT, S., 2001, S. 40). Diese Begriffsbestimmung des ökologischen Pflanzenbaus besitzt in fast allen EU – Ländern Gütigkeit[6] (vgl. LAMPKIN, N., 1998, S. 18).

Die formale Anerkennung des ökologischen Landbaus durch die Politik stellte „einen dramatischen Wendepunkt in der Entwicklung des ökologischen Landbaus in Europa" (DABBERT, S. et al., 2002, S. 10) dar. Der ökologische Landbau befand sich jahrelang in strenger Opposition „zum agrarpolitischen Establishment" (ebenda, S. 10f.). Nun

---

[6] Ausnahmen bilden hier Schweden, einige Regionen in Italien und einige Bundesländer in Deutschland (vgl. LAMPKIN, N., 1998, S. 18). „In Schweden versucht man, zwischen zertifizierter ökologischer Produktion für den Markt und ökologischer Bewirtschaftung aufgrund der EG-Verordnung 2078/92 klar zu trennen" (ebenda, S. 18).

11

entwickelte er sich in kurzer Zeit „zu einem etablierten Instrument der Agrarpolitik" (ebenda, S. 10). Ökologischer Landbau wird heutzutage von Institutionen gesetzlich definiert, die ihn jahrzehntelang ablehnten. Die Ablehnung des ökologischen Landbaus ging oftmals mit Ahnungslosigkeit der Politiker einher. Von Seiten der Verbände und Interessengruppen erhielten die Gestalter der Agrarpolitik jedoch keine einheitliche und klare Beratung hinsichtlich des ökologischen Landbaus. Die Vertreter dieser Verbände und Interessengruppen der jeweiligen Länder hatten sogar selbst „keine einheitliche Vorstellung von den praktischen Details des ökologischen Landbaus" (ebenda, S. 11). Die Vielzahl an Anbauverbänden und Kontrollorganen innerhalb der ökologischen Landbaubewegung stellt noch immer einen beachtlichen Nachteil derer dar. Im Gegensatz dazu ist die EU zentralistisch organisiert. Somit liegt die gesetzliche „Macht, den ökologischen Landbau zu definieren, [...] in der Hand einer einzigen Organisation" (ebenda, S. 12). Bislang mangelt es der Ökolandbaubewegung noch an einer durchsetzungsfähigen politischen Lobby (vgl. DABBERT, S. et al., 2002, S. 31). Hauptberufliche Lobbyisten fehlen in den wichtigsten europäischen Hauptstädten und in Brüssel, so dass Kontakte zu Politikern bislang kaum vorhanden sind (vgl. ebenda, S. 31). Diese Kontakte sind jedoch besonders wichtig, zumal die Politik und die Ökolandbaubewegung Interesse an einer maximalen Ausdehnung des ökologischen Landbaus, wenn auch aus unterschiedlichen Beweggründen, haben (vgl. DABBERT, S. et al., 2002, S. 12; vgl. HAGEDORN, K. et al., 2004, S. 11). Für die Politik ist von Bedeutung, dass von „einer Ausweitung der [ökologischen] Produktion [...] zumindest zeitweise der Handel und das verarbeitende Gewerbe" (HAGEDORN, K. et al., 2004, S. 11) profitieren würden. Daher wurden die Zutrittsbarrieren zum ökologischen Landbau mittels der getroffenen politischen Entscheidungen gesenkt. Zu diesen politischen Zielsetzungen gehören u. a. die Senkung der Mindeststandards und die Subventionierung der Ökobetriebe. Darüber hinaus müssen ökologische Landwirte nicht zwingend einem Anbauverband angehören (vgl. ebenda, S. 11).

Im Zuge der EG-Verordnung 2092/91 wurden in einigen Ländern weitere Auflagen, z. B. hinsichtlich des Umweltschutzes, erlassen[7] (vgl. LAMPKIN, N., 1998, S. 19).

---

[7] So sind in Finnland, in **Irland** und in der Region Emilia-Romagna in Italien gewisse Umweltauflagen verpflichtend, wie z. B. Einschränkungen beim Einsatz von Düngemitteln und anderen chemisch-synthetischen Betriebsmitteln. Diese Auflagen werden aber durch zusätzliche Zuschüsse honoriert (vgl. LAMPKIN, N., 1998, S. 19).

Zusätzlich wurde 1992 die EG-Verordnung 2078/92[8], das Agrarumweltprogramm der EU, verabschiedet, das seit seiner Umsetzung 1994 die wichtigste Förderungsquelle für den ökologischen Landbau darstellt[9] (vgl. LAMPKIN, N., 1998, S. 16; vgl. LAMPKIN, N. et al., 2001, S. 391). Die Verordnung 2078/92 besagt, dass Landwirte, die zur ökologischen Wirtschaftsweise konvertieren oder sie weiterführen, finanzielle Unterstützung erhalten, da sie durch die ökologische Bewirtschaftung einen Beitrag zum Umweltschutz leisten[10] (vgl. LAMPKIN, N., 1998, S. 16). Darüber hinaus können durch diese Verordnung Ausbildungsprogramme und Demonstrationsprojekte finanziert werden (vgl. ebenda, S. 16). Diese Möglichkeit der Förderung von Ausbildungs- und Anschauungsprojekten wird in rund der Hälfte der EU-Mitgliedsstaaten umgesetzt[11] (vgl. ebenda, S. 21). Des Weiteren wurde 1992 die so genannte *McSharry - Reform*[12] der Gemeinsamen Agrarpolitik (GAP) beschlossen[13] (vgl. DABBERT, S. et al., 2002, S. 42). Im Rahmen der *McSharry – Reform* wurden die Preis- und Marktstützungen für wichtige landwirtschaftliche Produktgruppen gesenkt (vgl. DABBERT, S. et al., 2002, S. 81; vgl. DAF, 2002, S. 14). Tendenziell soll eine Orientierung am Markt erfolgen (vgl. DAF, 2002, S. 14). Gleichzeitig führte man Direktzahlungen ein, die an die bewirtschaftete Fläche oder die Anzahl der Tiere gebunden sind (vgl. DABBERT, S. et al., 2002, S. 81; vgl. DAF, 2002, S. 14). Mittels dieser sollen negative Auswirkungen auf das Einkommen der Landwirte verhindert werden (vgl. DABBERT, S. et al., 2002, S. 81; vgl. DAF, 2002, S. 14). Für den ökologischen Landbau waren vor allem die

---

[8] Die EG-Verordnung 2078/92 beinhaltet Maßnahmen zum Schutz oder Förderung seltener Haustierrassen, zur Verringerung des Nitrateintrages und zum Aufbau von Biotopschutprogrammen (vgl. LAMPKIN, N., 1998, S. 20)

[9] In den Förderprogrammen bestehen jedoch erhebliche Unterschiede zwischen den einzelnen Mitgliedsstaaten und teilweise auch innerhalb dieser (vgl. LAMPKIN et al., 2001, S. 391).

[10] **Irland** setzte 1994 die EG-Verordnung 2078/92 im Rahmen des *Rural Environment Protection Schemes (*REPS) um [s. Kapitel 6.2.1.1].

[11] In einigen Ländern, wie z. B. Portugal, Finnland und Österreich, ist es vorgeschrieben, dass Landwirte, die ökologisch wirtschaften möchten, an einem Ausbildungsprogramm für ökologischen Landbau teilnehmen (vgl. LAMPKIN, N., 1998, S. 21). In **Irland** reicht es hingegen aus, wenn „die Landwirte nur einen allgemeinen Kurs zum Thema Umweltschutz besuchen" (ebenda, S. 21).

[12] Der Name ist auf den damaligen irischen Agrarkommissar McSharry zurückzuführen (vgl. DABBERT, S. et al., 2002, S. 42).

[13] Die Gemeinsame Agrarpolitik (GAP) der Europäischen Union wurde in den 1950er Jahren konzipiert (vgl. DABBERT, S. et al., 2002, S. 80). Im Fokus der GAP standen zu dieser Zeit die Erhöhung der Produktivität und ein gesichertes Einkommen für Landwirte (vgl. ebenda, S. 80). Staatliche Eingriffe führten schnell zu Erfolgen: „Preis- und Abnahmegarantien führten zur Erhöhung der Produktion, die Versorgungssicherheit war über alle Massen [sic!] gewährleistet und die Preisschwankungen hielten sich in Grenzen" (ebenda, S. 81). Die Landwirte passten sich in den folgenden Jahren und Jahrzehnten diesen Bedingungen an. Folglich wurde mehr produziert, als von den Märkten aufgenommen werden konnte. Hinzu kam noch der kontinuierlich voranschreitende technische Fortschritt in der Landwirtschaft, der ebenfalls zur Überschussproduktion beitrug. Schließlich waren die Überschüsse in den 1980er Jahren so groß, dass eine tief greifende Reform eingeleitet werden musste (vgl. ebenda, S. 81).

13

„flankierende Maßnahmen" (vgl. DABBERT, S. et al., 2002, S. 42) der *McSharry – Reform* von Bedeutung. Durch diese wurde ein „Rahmen für regionale Programme der Mitgliedsstaaten zur Förderung einer umweltfreundlichen Landwirtschaft" (ebenda, S. 42) gesetzt. Die Hauptziele der *McSharry – Reform* sind (ebenda, S. 42):

1. „den Einsatz von Dünge- und Pflanzenschutzmitteln pro Hektar deutlich zu verringern,
2. die Zahl der Tiere pro Hektar Futterfläche zu verkleinern,
3. Nutzflächen langfristig stillzulegen,
4. den ökologischen Landbau direkt zu unterstützen."

Zusammen mit der EG-Verordnung 2078/92 soll sie „zur Erhaltung der Landwirtschaft und der Umwelt [beitragen] sowie den Bauern ein angemessenes Einkommen [ermöglichen]" (LAMPKIN, N., 1998, S. 16). Die ökologische Tierhaltung wird erst seit dem 19.07.1999 durch die EG-Verordnung 1804/99 geregelt, die „seit dem 24. August 2000 unmittelbar in allen Mitgliedsstaaten" gilt (BMVEL, o. J.; vgl. DABBERT, S., 2000, S. 612; vgl. OESTERDIEKHOFF, G. W., 2002, S. 36). Im Zuge dieser EG-Verordnung wurde „ein einheitlicher Standard für Agrarerzeugnisse und Lebensmittel sowohl pflanzlicher als auch tierischer Herkunft" (BMVEL, o. J.) innerhalb der Europäischen Union geschaffen (vgl. DABBERT, S., 2000, S. 612). Die bislang letzte durchgreifende Reform der EU-Agrarpolitik stellt die *Agenda 2000*[14] dar (vgl. DABBERT, S. et al., 2002, S. 80). Infolge dieser wurden für wichtige landwirtschaftliche Produkte die Preise nochmals stark gesenkt und die Direktzahlungen angehoben. Eines der Ziele der *Agenda 2000* ist es, „Umwelt- und Strukturziele stärker in der gemeinsamen Agrarpolitik zu berücksichtigen" (ebenda, S. 81).

---

[14] Die Notwendigkeit der *Agenda 2000* ergab sich aus der „bevorstehenden Osterweiterung der Europäischen Union sowie internationale Forderung nach einer liberalen EU-Agrarpolitik im Rahmen der WTO" (DABBERT, S. et al., 2002, S. 81).

2.2.3 Verbände des ökologischen Landbaus in Deutschland und Irland

1988 schlossen sich in Deutschland sieben Anbauverbände[15] und die Stiftung Ökologie und Landbau (SÖL)[16] zur *Arbeitsgemeinschaft Ökologischer Landbau* (AGÖL) zusammen (vgl. VOGTMANN, H., 1992, S. 324; vgl. WILLER, H. et al., 2002, S. 16). Die AGÖL als Dachorganisation des ökologischen Landbaus in Deutschland erlässt Mindestrichtlinien, an welche sich die Mitgliedsverbände halten müssen (vgl. DATEN- UND INFORMATIONSMANAGEMENT FÜR INDUSTRIE, HANDEL UND HANDWERK, o. J.). Die einzelnen Verbände können jedoch strengere Richtlinien erlassen (vgl. ebenda). Aufgrund der BSE – Krise traten zum 31.03.2001 *Demeter* und *Bioland* aus der AGÖL aus (vgl. LANDESINSTITUT FÜR SCHULE UND WEITERBILDUNG, o. J.). Ende Mai 2002 verließ der Anbauverband *GÄA* ebenfalls die AGÖL, die somit innerhalb eines Jahres ihre drei wichtigsten Mitglieder verlor. Außerdem trat *Naturland* aus der AGÖL aus. Im Juni 2002 organisierte sich die Ökobranche neu und gründete den *Bund der ökologischen Lebensmittelwirtschaft* (BÖLW). Dessen Ziele sind die bessere Informierung der Bevölkerung sowie eine Steigerung des Absatzes von ökologischen Produkten. Dem BÖLW traten die vorher bei der AGÖL ausgetretenen Verbände *Bioland, Demeter, Naturland* und *GÄA* bei (vgl. ebenda).

In Irland gibt es drei Anbauverbände: *Irish Organic Farmers' and Growers' Association* (IOFGA), *Organic Trust* (OT) und die *Bio-Dynamic Agricultural Association in Ireland* (BDAAI) (siehe Kapitel 6.2). Von diesen drei Anbauverbänden sind IOFGA und OT Mitglieder von IFOAM (vgl. IFOAM, Länderindex, Irland, 2005).

---

[15] *Demeter, Bioland, Biokreis, Naturland, ANOG* (Arbeitsgemeinschaft für naturnahen Obst-, Gemüse- und Feldfrucht-Anbau e. V.), *BÖW* (Bundesverband Ökologischer Weinbau; Warenzeichen „ECOVIN") und *Ökosiegel / Ökoland* (vgl. VOGTMANN, H., 1992, S. 322)

[16] Die Stiftung Ökologie und Landbau (SÖL) wurde 1962 gegründet (vgl. VOGTMANN, H., 1992, S. 324; vgl. WILLER, H.. et al., 2002, S. 15). Sie ist jedoch kein Erzeugerverband (vgl. VOGTMANN, H., 1992, S. 324). Zu ihren Zielen gehören die Förderung ökologischer Projekte, der Austausch von Informationen und die Verbreitung der gewonnenen Erkenntnisse. „Hierzu zählen insbesondere die Zeitschrift „Ökologie und Landbau", die Schriftenreihe „SÖL-Sonderausgaben" zur Theorie und Praxis des ökologischen Landbaus, der „Beraterrundbrief" sowie die Buchreihe „Alternative Konzepte" (ebenda, S. 324).

2.3   Förderung des ökologischen Landbaus

Die europäischen Länder führten 1993 Verordnungen zur Förderung des ökologischen Landbaus ein, wobei in den meisten Ländern landesweit einheitliche Verordnungen gelten (vgl. LAMPKIN, N., 1998, S. 17). Die Höhe der Zahlungen schwankt sehr stark zwischen den einzelnen europäischen Ländern und z. T. auch innerhalb der Länder, wie z. B. in Frankreich, Italien, Deutschland und Großbritannien, da der ökologische Landbau von den verschiedenen politischen Ebenen bezuschusst wird (vgl. ebenda, S. 17). Übergeordnet steht die Förderung durch die Europäische Union, an zweiter Stelle die Förderung durch die einzelnen Mitgliedsstaaten[17] (vgl. ebenda; vgl. ANONYMUS, 2003, S. 132). Die Förderung durch die Europäische Union findet „im Rahmen der Programme zur Entwicklung des ländlichen Raums statt" (ANONYMUS, 2003, S. 132), an die gewisse Auflagen gebunden sind. Für diese Programme zur Entwicklung des ländlichen Raumes (z. B. EAGFL[18], LEADER+[19]) sind „insgesamt zehn Prozent des EU-Agrarbudgets vorgesehen" (ebenda, S. 132). Des Weiteren wird der ökologische Landbau durch die bereits erwähnte EG-Verordnung 2092/91 unterstützt. In den meisten Ländern werden sowohl umstellende wie auch bestehende Betriebe gefördert[20]. Die Zuschüsse der einzelnen Förderprogramme sind zusätzlich an die

---

[17] So sind z. B. in Deutschland die „Fördermaßnahmen für den ökologischen Landbau [...] innerhalb des Gesetzes über die „Gemeinschaftsaufgabe Verbesserung der Agrarstruktur und des Küstenschutzes" (GAK) geregelt" (ANONYMUS, 2003, S. 132). Die Förderprämien des ökologischen Landbaus sind in den einzelnen Bundesländern daher so unterschiedlich hoch, weil „die Bundesländer gewisse Gestaltungsspielräume [haben], um länderspezifische Aspekte berücksichtigen zu können" (ebenda, S. 132). Die EU ist mit 50 bis 75 Prozent an den Fördermaßnahmen zur Entwicklung des ländlichen Raumes beteiligt. Innerhalb des Rahmenplanes der GAK können die Länder auch Mittel des Bundes in Anspruch nehmen. (vgl. ebenda, S. 132)

[18] Der Europäische Ausgleichs- und Garantiefonds für die Landwirtschaft (EAGFL) umfasst zwei Abteilungen: die Abteilung Ausrichtung und die Abteilung Garantie. Das Programm ist für den Zeitraum 2000 – 2006 vorgesehen. „Im Rahmen der europäischen Politik zur Förderung des wirtschaftlichen und sozialen Zusammenhaltes unterstützt der EAGFL die Anpassung der Agrarstrukturen und Maßnahmen zur Entwicklung des ländlichen Raums" (EUROPÄISCHE KOMMISSION, Regionalpolitik – Inforegio, Der Europäische Ausgleichs- und Garantiefonds für die Landwirtschaft (EAGFL), 2005).

[19] LEADER steht für *Liaison entre actions de développement de l'économie rurale* (vgl. HAGEDORN, K. et al., 2004, S. ix). „Leader+, eine von vier aus den EU-Strukturfonds finanzierten Initiativen, soll den Akteuren im ländlichen Raum dabei helfen, Überlegungen über das langfristige Potenzial ihres Gebiets anzustellen. Es fördert die Durchführung integrierter, qualitativ hochstehender [sic!] und origineller Strategien für eine nachhaltige Entwicklung und legt den Schwerpunkt auf Partnerschaften und Netzwerke für den Austausch von Erfahrungen. Insgesamt stehen für den Zeitraum 2000-2006 Mittel in Höhe von 5 046,5 Mio. EUR bereit, von denen 2 105 Mio. EUR vom EAGFL-Ausrichtung finanziert werden. Der restliche Teil besteht aus Beiträgen des öffentlichen Sektors und der Privatwirtschaft" (EUROPÄISCHE KOMMISSION, LEADER +, 2005).

[20] „Ausnahmen bilden hierbei Griechenland, Frankreich, Grossbritannien [sic!] und einige deutsche Bundesländer (Bremen und Schleswig-Holstein)" (ANONYMUS, 2003, S. 132). Bereits existierende Betriebe werden in diesen Ländern und Bundesländern nicht bezuschusst. Nach LAMPKIN, N. (1998, S. 17f.) ist „deren Einbeziehung jedoch [...] notwendig", da sie u. a. zum Umweltschutz und zur

Verpflichtung gebunden, „dass die Landwirte mindestens fünf Jahre nach ökologischen Richtlinien wirtschaften müssen, ansonsten ist eine Rückzahlung der Zuschüsse erforderlich" (LAMPKIN, N., 1998, S. 19). Darüber hinaus wurde in vielen Ländern eine Betriebsmindestgröße von ein bis zwei Hektar festgelegt (vgl. ebenda, S. 19). Auch Länder, die nicht Mitgliedsstaaten der Europäischen Union sind, haben gesetzliche Programme zur Förderung des ökologischen Landbaus erlassen[21] (vgl. ebenda, S. 16f.). Es gibt mehrere Gründe, die für eine Förderung des ökologischen Landbaus von Seiten der Politik sprechen (vgl. LAMPKIN, N., 1998, S. 15f.; vgl. DABBERT, S., 2001, S. 42):

1. Er gewährleistet eine verbesserte Umweltfreundlichkeit in der landwirtschaftlichen Produktion.

2. Er trägt zur nachhaltigen Regionalentwicklung aufgrund der möglichen Schaffung neuer Arbeitsplätze in ländlichen Gebieten bei.

3. Er wirkt der Überschussproduktion entgegen. Dadurch könnten auch staatliche Ausgaben verringert werden, die entstehen, wenn die Überschüsse vernichtet werden müssen, damit der Markt stabil bleibt.

4. Höhere landwirtschaftliche Einkommen könnten erzielt werden.

5. Die Förderung des ökologischen Landbaus hat auch einen wirksamen Effekt im Hinblick auf Wähler.

Die Förderung des ökologischen Landbaus erweist sich in der Praxis jedoch „als ein eher sperrig zu handhabendes Instrument" (DABBERT, S., 2001, S. 42). Die Ursache hierfür liegt in der Vielfältigkeit der oben genannten Förderungsgründe, da sie nur schwer zu überschauen und zu bewerten sind. Der ökologische Landbau stellt ein politisches Instrument dar und als solches konkurriert er mit anderen spezifischeren Maßnahmen, wie z. B. hinsichtlich des Umweltschutzes innerhalb der konventionellen Landwirtschaft oder bezüglich der Strukturförderung des ländlichen Raumes. Diese Maßnahmen können einfacher strukturiert, effizienter und im Hinblick auf die Lösung

---

Verringerung der Überschussproduktion beitragen, Fachkenntnisse für umstellungswillige Landwirte liefern und ihre bereits zurückliegende Umstellung selbst zu finanzieren hatten.
[21] Norwegen regelt die Förderung des ökologischen Landbaus „im Dokument zur Entwicklung der Landwirtschaft von 1992/93" (LAMPKIN, N., 1998, S. 16). Dieses Dokument ist darauf ausgerichtet, einheimische Märkte aufzubauen und dadurch die Situation der Landwirte zu optimieren (vgl. ebenda, S. 16). In der Schweiz werden ökologische Leistungen der Landwirtschaft durch verschiedene Programme gefördert, die im Landwirtschaftsgesetz unter Artikel 31 b festgelegt wurden (vgl. ebenda, S. 17).

spezifischer Probleme kostengünstiger sein (vgl. ebenda, S. 42). Weiterhin wurde bei einigen Untersuchungen in England festgestellt, dass der ökologische Landbau oftmals im Kontrast zu Umweltschutzprogrammen steht (zitiert in TOVEY, H., 1997, S. 28). So sind z. B. extensive Bewirtschaftungsformen des ökologischen Landbaus für den Schutz bestimmter Biotope nicht sonderlich förderlich (zitiert in ebenda, S. 28). Es stellt sich die Frage, ob „die Instrumentenwahl der Politik im Bezug auf den ökologischen Landbau richtig war" (DABBERT, S., 2001, S. 42). In einigen Regionen innerhalb der EU wurde die Ökolandwirtschaft aufgrund der Förderung „stärker politikabhängig [...] als der Durchschnitt der Landwirtschaft"[22] (ebenda, S. 40).

---

[22] Die Abhängigkeit wird in diesem Falle am prozentualen Anteil der Direktzahlungen am Gewinn gemessen (vgl. DABBERT, S., 2001, S. 40).

3 Ökologischer Landbau als Untersuchungsgegenstand in den Sozialwissenschaften

3.1 Ökologischer Landbau als soziale Bewegung

Der ökologische Landbau stellt nicht nur eine Anbaualternative zur konventionellen Landwirtschaft dar (vgl. WILLER, H, 2002, S. 11). Er ist, ähnlich wie die Ökologiebewegung, „einer politischen und weltanschaulichen Bewegung und Denkrichtung" (OESTERDIEKHOFF, G. W., 2002; S. 37), als *soziale Bewegung*[23] anzusehen (vgl. TOVEY, H., 1999, S. 31; vgl. PADEL, S., MICHELSEN, J., 2001, S. 396; vgl. MICHELSEN, J. et al., 2001, S. i; vgl. HAGEDORN, K. et al., 2004, S. 4). Aufgrund dessen stand er jahrelang in entschiedener Opposition der konventionellen Landwirtschaft und der Agrarpolitik gegenüber (vgl. DABBERT, S. et al., 2002, S. 10f.). Die drei wesentlichen Züge des ökologischen Landbaus als soziale Bewegung sind das Erschaffen einer eigenen Weltsicht, das Entwickeln von alternativen Technologien und die Etablierung neuer Wege, Informationen zu gewinnen und zu verbreiten (vgl. TOVEY, H., 1999, S. 35; vgl. HAGEDORN, K. et al., 2004, S. 8). Im Zusammenhang mit sozialen Bewegungen wird oftmals von einem evolutionären Prozess gesprochen, in dem sie sich von einer nicht-institutionalisierten Protestgruppe zu einer institutionalisierten und routinierten Interessengruppe oder politischen Partei entwickeln (vgl. MARX, G. T., MCADAM, D., 1994, S. 72; vgl. TOVEY, H., 1999, S. 41; vgl. HAGEDORN, K. et al., 2004, S. 8). Innerhalb sozialer Bewegungen kann es jedoch zu Interessenkonflikten kommen, wenn die Bewegung institutionalisiert wird und in den Fokus der Politik rückt (vgl. TOVEY, H., 1999, S. 31). Institutionalisierung kann darüber hinaus die Kernideen und Werte einer sozialen Bewegung stark schädigen (vgl. ebenda, S. 31 und S. 43). Daher „stellt sich die Frage, ob der Ökologische Landbau [als soziale Bewegung] in der Lage ist, sich erfolgreich an solche Veränderungen anzupassen („adaption capacity") und andererseits seine Eigenheiten gegen die Umwelt zu behaupten, sich also erfolgreich nach außen abzugrenzen („boundary maintenance")" (HAGEDORN, K. et al., 2004, S. 16).

---

[23] „Eine *soziale Bewegung* ist ein auf gewisse Dauer gestelltes und durch kollektive Identität abgestütztes Handlungssystem mobilisierter Netzwerke von Gruppen und Organisationen, welche sozialen Wandel mit Mitteln des Protests – notfalls bis hin zur Gewaltanwendung – herbeiführen, verhindern oder rückgängig machen wollen" (RUCHT, D., 1994, S. 76f.; vgl. MELUCCI, A., 1996, S. 4f., vgl. TARROW, S., 1998, S. 14).

Vor allem vier gesellschaftliche Entwicklungstrends sind von entscheidender Bedeutung für das Weiter- und Fortbestehen des ökologischen Landbaus (HAGEDORN, K. et al., 2004, S. 16; vgl. OESTERDIEKHOFF, G. W., 2002, S. 37):

1. „die zunehmende gesellschaftliche Toleranz gegenüber dem Ökologischem Landbau, nicht selten bis hin zur entscheidenden Befürwortung,
2. die Liberalisierungstendenzen auf den Agrarmärkten und die sinkenden Agrarpreise, an die bei den meisten Produkten auch die Preisentwicklung im ÖLB [Ökologischer Landbau] gekoppelt ist,
3. konkurrierende technologische Entwicklungen (Gentechnik) und
4. die „Entdeckung" des ÖLB als politisches Förderinstrument im Rahmen der Agrarumweltpolitik der Gemeinsamen Europäischen Agrarpolitik."

Vier gesellschaftliche Bereiche bilden das institutionelle Umfeld des ökologischen Landbaus (vgl. MICHELSEN, J. et al., 2001, S. i). Drei von ihnen ermöglichen den direkten Kontakt zwischen Landwirten und Landwirtschaftsorganisationen: die Bauernschaft, die Agrarpolitik und die Lebensmittelvermarktung (vgl. ebenda, S. i; vgl. HAGEDORN, K. et al., 2004, S. 3). Den vierten Bereich stellen die institutionellen Rahmenbedingungen dar, die von den drei anderen Gesellschaftsbereichen erlassen werden (vgl. MICHELSEN, J. et al., 2001, S. i; vgl. HAGEDORN et al., 2004, S. 3). Sie sollen einen Austausch und eine Verknüpfung zwischen den einzelnen Organisationen der jeweiligen Gesellschaftsbereiche ermöglichen (vgl. MICHELSEN, J. et al., 2001, S. i). Obwohl der ökologische Landbau in allen Ländern nur einen geringen Anteil an der Landwirtschaft insgesamt ausmacht, sind dennoch Organisationen des ökologischen Landbaus in allen vier Gesellschaftsbereichen zu finden (vgl. ebenda, S. i). Die weitere Ausbreitung des ökologischen Landbaus wird u. a. davon abhängen, inwieweit es ihm gelingt, diese Verbindungen zwischen den gesellschaftlichen Bereichen zu verstärken und noch mehr Akteure in die Bauernschaft, die Agrarpolitik und die Lebensmittelvermarktung zu entsenden (vgl. STOLZE, M., 2002, S. 198).

3.2 Exkurs: Ökologischer Landbau als Innovation

Der ökologische Landbau kann auch „als ein typischer Verbreitungsprozess für Neuerungen in der Landwirtschaft" (PADEL, S., MICHELSEN, J., 2001, S. 395; vgl. OFFERMANN, F., 2003, S. 9) betrachtet werden. Innovativ beeinflusst wurde der ökologische Landbau durch das Entstehen der biologisch-dynamischen Wirtschaftsweise in den 1920er Jahren und deren Ausbreitung, die in Deutschland begann (vgl. WILLER, H., 1992, S. 115). Seit Ende der 1980er Jahre steigt der Anteil der ökologisch wirtschaftenden Betriebe in Europa und in Irland kontinuierlich an (vgl. ebenda, S. 115; vgl. LAMPKIN, N., 1998, S. 13). Der Verbreitungsprozess für Neuerungen in der Landwirtschaft lässt sich am besten mittels des Innovations- oder Diffusionsmodell darstellen[24] (vgl. PADEL, S., MICHELSEN, J., 2001, S. 395). Landwirte, die auf den ökologischen Landbau umstellen, weisen in jeder Phase andere Merkmale auf (vgl. ebenda, S. 395f.). So beschreiben PADEL, S. und MICHELSEN, J. (2001, S. 396) Pioniere oder Innovatoren der Anfangsphase, die weitreichende Sozialkontakte unterhalten, als risikofreudig. Von der näheren Umgebung werden sie jedoch als Außenseiter oder Störenfriede empfunden. Die weitere Verbreitung der Innovation hängt maßgeblich davon ab, ob in der ersten Übernahmephase, die der Anfangsphase folgt, so genannte Meinungsführer („opinion leader") die Neuerung adaptieren (vgl. ebenda, S. 396).

3.3 Exkurs: Ökologischer Landbau aus Sicht der Transaktionskostentheorie

Bei der Übertragung von einem Gut oder einer Leistung über eine technisch trennbare Schnittstelle hinweg, findet eine Transaktion statt (vgl. DIENEL, W., 2001 a, S. 14) Einen wesentlichen Anteil an den Gesamtkosten politischer Programme machen *Transaktionskosten* aus (vgl. TIEMANN, S. et al., 2005, S. 533). Die Transaktionskosten wiederum setzen sich aus „Informations-, Administrations-, Kontroll- und Durchsetzungskosten" (ebenda, S. 533) zusammen. Sie bilden daher „ein wichtiges Kriterium für die Vorteilhaftigkeit von Maßnahmen zur Erreichung

---

[24] „Nach diesem Modell folgt die Verbreitung von Neuerung einer typischen Glockenkurve oder S-Kurve (kumulativ) mit stetigem Zuwachs, aber abnehmender Wachstumsrate. Dabei ist der Umfang der Übernahme anfänglich nicht bekannt und kann mit Hilfe des Modells auch nicht vorhergesagt werden" (PADEL, S., MICHELSEN, J., 2001, S. 395).

politischer Ziele" (zitiert in ebenda, S. 533). *Transaktionskosten* entstehen sowohl für den Staat als auch für die Landwirte. Die Gesamtausgaben für agrarumweltpolitische Maßnahmen erhöhen sich auf Seiten des Staates durch Verwaltungs- und Kontrollkosten (vgl. ebenda, S. 533f.). Gleichzeitig verringern sich auf Seiten der Landwirte die Nettoförderung und somit auch der Anreiz der Teilnahme an Agrarumweltprogrammen aufgrund Informations-, Administrations- und Kontrollaufwendungen (vgl. ebenda, S. 534). In der Literatur wird die Hypothese aufgestellt, dass der ökologische Landbau „ein aus Sicht der Transaktionskosten vorteilhaftes Instrument zur Erreichung von Umweltqualitätszielen sei" (ebenda, S. 534). Zur Messung der *Transaktionskosten* wird der Ökolandbau mit mehreren verschiedenen Maßnahmen der Agrarumweltprogramme verglichen, die eine annähernd gleiche Umweltleistung aufweisen. Die Transaktionskostenelemente müssen für den ökologischen Landbau „sachgerecht den Kosten der Marktnutzung oder den Kosten der staatlichen Programme zugeordnet werden" (ebenda, S. 534).

4 Material und Methoden

In diesem Kapitel soll zunächst auf die verwendeten Materialien eingegangen werden. Über den ökologischen Landbau in Europa und auch weltweit wurde in der letzten Zeit sehr viel berichtet und publiziert (vgl. WILLER, H., 1998; vgl. GRAF, S., WILLER, H., 2000; vgl. YUSSEFI, M., WILLER, H., 2002). Die Förderung des ökologischen Landbaus als politisches Instrument rückte zunehmend in das Interesse von Agrarpolitikern und –ökonomen (vgl. DABBERT, S., 2001, vgl. DABBERT, S. et al., 2002). Des Weiteren existiert auch sehr viel Material über die Entwicklung des ökologischen Landbaus in einzelnen Ländern, wie z. B. in Deutschland (vgl. SCHAUMANN, W. et al., 2002; vgl. WILLER, H. et al., 2002). SCHAUMANN, W. et al. (2002) geben in ihrem Buch nicht nur eine detaillierte Übersicht über die Geschichte des ökologischen Landbaus, sondern stellen darüber hinaus die wichtigsten Pioniere des ökologischen Landbaus anhand Kurzbiographien vor. Der ökologische Landbau in Irland wurde jedoch in der Literatur bislang vernachlässigt. Vor allem über die historische Entwicklung informieren fast nur MOORE, O. (2003; 2004) und WILLER, H. (1992). Die Dissertation von WILLER, H. (1992) stellt die bislang umfangreichste Untersuchung in Deutschland zum ökologischen Landbau in Irland dar. Sie führte im Rahmen ihrer Doktorarbeit eine Befragung unter irischen Ökolandwirten durch (vgl. ebenda, S. 14f.). Ihre Datenerhebung fand jedoch bereits 1988 statt. Von 71 Betrieben, die in diesem Jahr existierten, wurden 57 erfolgreich befragt (vgl. ebenda, S. 14). Der Artikel „Food, Environmentalism and Rural Sociology: On the Organic Farming Movement in Ireland" von TOVEY, H. (1997) stellt den ökologischen Landbau in Irland unter dem Aspekt sozialer Bewegungen dar. Des Weiteren geht TOVEY, H. (1999) in ihrer Abhandlung „'Messers, visionaries and organobureaucrats': dilemmas of institutionalisation in the Irish organic farming movement" der Frage nach, inwieweit die Institutionalisierung des irischen Ökolandbaus Einfluss auf die Bewegung an sich hat. In dem Artikel „Alternative Agriculture Movements and Rural Development Cosmologies" untersucht TOVEY, H. (2002) den Einfluss des ökologischen Landbaus auf die ländliche Entwicklung. MOORE, O. beschreibt in seinen Arbeiten „Spirituality, Self-Sufficieny, Selling, and the Split: Collective Identiy or Otherwise in the Organic Movement in Ireland, 1936 to 1991" (2003) die historische Entwicklung des ökologischen Landbaus in Irland und in „Farmers' markets, and what they say about the perpetual post-organic movement in Ireland." (2004) zum einen die Institutionalisierung des ökologischen Landbaus in Irland und zum anderen die zunehmende Bedeutung von Märkten für den Verkauf von Ökoprodukten. Die Einstellung biologisch-dynamischer Landwirte und deren möglicher Einfluss auf eine Umgestaltung der Gesellschaft in Irland wurde von MCMAHON, N. (2005) in dem Artikel „Biodynamic Farmers in Ireland. Transforming Society Through Purity, Solitude and Bearing Witness?" untersucht. SHARE, P. (2002) beschreibt in seiner Abhandlung „Trust me! I'm organic" den Markt für Ökoprodukte in Irland. Im Auftrag des irischen Landwirtschaftsministeriums wurde 2002 eine Befragung unter irischen Ökolandwirten durchgeführt, deren Ergebnisse 2003 im „Census of Irish Organic Production 2002" veröffentlicht wurden (DAF, 2003). Betriebe in der Umstellungszeit auf den ökologischen Landbau wurden von HOWLETT, B. et al. (2002) untersucht („Conversion to Organic Farming: Case Study Report Ireland"). RYAN, J. et al. (2003) analysierten mittels statistischer Methoden die Märkte für Produkte aus der Umstellungszeit („Assessment of Marketing Channels for Conversion Grade Products"). Eine weitere Untersuchung bezüglich Produkten aus der Umstellungszeit erfolgte von COWAN, C. et al. („Feasibility of Conversion Grade Products", 2004). O'CONNELL, K. und LYNCH, B. (2004) beschreiben in „Organic Poultry Production in Ireland, Problems and possible Solutions" die praktische Umsetzung der Geflügelhaltung im ökologischen Landbau. Der Einfluss des ökologischen Landbaus auf die Gebiete im Westen Irlands wurde von THE WESTERN DEVELOPMENT COMMISSION [WDC] (o. J.) im „Blueprint for Organic Agri-Food Production in the West" untersucht. 2002 veröffentlichte das Organic Development Committee, das im Auftrag des irischen Landwirtschaftsministeriums gegründet wurde, Empfehlungen zum Ausbau des ökologischen Sektors in Irland (DAF, „Report of the Organic Development Committee, Action Plan" und THE DEPARTMENT OF AGRICULTURE, FOOD AND RURAL DEVELOPMENT [DAFRD], „Report of the Organic Development Committee").

Darüber hinaus werden in diesem Kapitel die methodischen Ansätze der vorliegenden Arbeit erläutert. Zur Einordnung der Methodik werden weitere mögliche Befragungsschemen erörtert. Da die Quellengrundlage der Arbeit einerseits in einem umfangreichen Literaturstudium und andererseits in Leitfaden gestützten Experteninterviews besteht, soll zunächst auf die Grundlagen der richtigen Fragestellung und anschließend auf die Methode der mündlichen Befragung im weiteren Sinne, des

Interviews im engeren Sinne und schließlich auf das Experteninterview eingegangen werden.

4.1 Die Grundlagen der Fragestellung und der Befragung

Im alltäglichen Leben sind Kommunikation und Verständigung ohne Fragen kaum denkbar (vgl. FRIEDRICHS, J., 1973, S. 192). Die Art und Weise der Fragestellung bestimmt grundlegend die Selektion des Antwortenden auf die Frage und die Aussagekräftigkeit der Antworten [s. Tab. 1]. Anhand von Befragungen werden in den Sozialwissenschaften rund 90 % aller Daten gewonnen (vgl. BORTZ, J., 1984, S. 163; vgl. FRIEDRICHS, J., 1973, S. 193; vgl. SCHNELL, R. et al., 2005, S. 321).

Tab. 1: Antworten beeinflussende Faktoren

Faktoren	Erläuterungen
Gründe des Befragten[25]	Eine Frage kann mit ja oder nein beantwortet werden, was aber nichts über die Gründe aussagt
Bezugsrahmen des Befragten	Der Befragte kann z. B. nur von einem konkreten Beispiel ausgehen, obwohl nach dem Allgemeinen gefragt wurde oder umgekehrt
Informationsstand des Befragten	Die befragte Person ist möglicherweise über gewisse Themen nicht ausreichend informiert und könnte daher ablehnend antworten.
Art der Frage	Offen, geschlossen; direkt, indirekt
Anordnung der Frage	Reihenfolge der Frage im Fragebogen
Dimension der Frage	Sind bestimmte Themen oder nur Teilaspekte davon gefragt?
Erhebungssituation	Ort, Verhalten des Interviewers, …

Quelle: vgl. FRIEDRICHS, J., S. 193

Einige Fragen können direkt mit ja oder nein beantwortet werden. Falls die Frage an sich nicht aussagekräftig genug gestellt wurde, kann die Antwort (ja oder nein) nichts über die *Gründe* des Befragten aussagen[26] (vgl. FRIEDRICHS, J., 1973, S. 193). Des Weiteren kann der Befragte von einem völlig anderen *Bezugsrahmen* ausgehen und sich z. B. auf eine konkrete Situation oder eine bestimmte Teilgruppe beziehen, obwohl nach der Gesamtheit gefragt wurde (vgl. ebenda, S. 193). Darüber hinaus ist der

---

[25] Die Bezeichnung „der Befragte" sagt nichts über das Geschlecht aus.
[26] Weitere Fragekategorien müssten ergänzt werden, um die Gründe zu erfahren.

Informationsstand des Befragten entscheidend. Möglicherweise setzt der Interviewer durch unklare oder abstrakte Formulierungen mehr Informationen beim Befragten voraus als dieser in Wirklichkeit hat (vgl. ebenda, S. 195). Statt abstrakten Begriffen sollten gegenständliche Termini verwendet werden, „die möglichst für alle Befragten die gleichen Bedeutungen haben" (ebenda, S. 195). Der Befragte kann weiterhin nicht viel über das erfragte Thema wissen und aufgrund dessen keine aussagekräftige Antworten geben (vgl. ebenda, S. 193). Eine mögliche Fehlerquelle stellt die *Meinungslosigkeit* der Befragten dar. Sie spiegelt sich in folgenden Formen wider: „Nicht-Informiertheit, Unentschiedenheit, Meinungslosigkeit und Verweigerung"[27] (FRIEDRICHS, J., 1973, S. 202; vgl. BORTZ, J., 1984, S. 178). Beim Erstellen eines Fragebogens sollte aufgrund dessen darauf geachtet werden, „Fragen verständlich zu formulieren und Informationen zu liefern"[28] (FRIEDRICHS, J., 1973, S. 202; vgl. BORTZ, J., 1984, S. 178). Fragen lassen sich „nach der Art der Antwortvorgaben, nach der Stellung im Fragebogen oder danach, ob sie Meinungen oder Verhalten erfassen sollen" klassifizieren (ebenda, S. 198). Die wichtigsten *Arten der Fragen* sind die *offenen* und *geschlossenen Fragen* (vgl. ebenda, S. 198). *Offene Fragen* enthalten keine Antwortvorgabe, wohingegen *geschlossene Fragen* zwei oder mehrere Antwortalternativen enthalten[29] (vgl. FRIEDRICHS, J., 1973, S. 198; vgl. FROSCHAUER, U., LUEGER, M., 1998, S. 46f.). Es besteht die Möglichkeit, *direkte* oder *indirekte Fragen*[30] zu stellen (vgl. DIEKMANN, A., 2001, S. 406). Nicht nur die *Art der Frage*, sondern auch die *Anordnung der Frage* im Fragebogen ist entscheidend (vgl. FRIEDRICHS, J., 1973, S. 197). Fragen sollten nie einzeln und für sich betrachtet werden, „sondern in ihrer Abfolge" (ebenda, S. 197). In der Regel wird ein *Trichterverfahren*, vom Allgemeinen zum Speziellen, angewendet (vgl. ebenda, S. 197). Beim Erstellen eines Fragebogens sollten die Fragen prinzipiell zu logisch gegliederten Themengebieten zusammengefasst werden (vgl. ebenda, S. 210). Fragen

---

[27] Bei den Antwortvorgaben sollten daher auch die Alternativen „weiß nicht" oder „keine Ahnung" angegeben werden (vgl. FRIEDRICHS, J., 1973, S. 202)
[28] FRIEDRICHS, J., (1973, S. 205) vertritt die Auffassung, dass Fragen möglichst kurz und einfach zu stellen seien und auf den Bezugsrahmen des Befragen abgestimmt sein sollten. Im Gegensatz dazu halten FROSCHAUER, U. und LUEGER, M. (2003, S. 75) es nicht immer für sinnvoll, „alle Fragen klar und eindeutig zu stellen" (ebenda, S. 75), da Antworten durch den notwendigen Interpretationsprozess erst besonders bedeutungsvoll werden können.
[29] Bei *geschlossenen Fragen* sollte als Antwortmöglichkeit immer noch „Sonstiges, und zwar...", „andere Gründe" oder Ähnliches mit angeben werden (vgl. FRIEDRICHS, J., 1973, S. 199). Oftmals können mehrere Antwortalternativen angekreuzt werden (vgl. ebenda, S. 199).
[30] *Indirekte Fragen* werden häufig verwendet, um „den Einstellungen von Personen auf Umwegen auf die Schliche [zu] kommen, nach Möglichkeit, ohne daß [sic!] die Befragten das Ziel der Messung selbst erkennen" (DIEKMANN, A., 2001, S. 406).

und auch Antwortvorgaben können oftmals mehrere Bedeutungen haben (vgl. ebenda, S. 196). Aufgrund dieser *Mehrdimensionalität* können unvergleichbare Antworten die Folge sein, „weil die Befragten jeweils in nur einer Dimension geantwortet haben"[31] (ebenda, S. 196). Zu guter Letzt spielt auch die *Erhebungssituation* eine entscheidende Rolle (vgl. FRIEDRICHS, J., 1973, S. 193). Vor allem das *Verhalten des Interviewers* ist hier von Bedeutung; durch bestimmte Verhaltensweisen kann der Befragte dazu angeregt werden, anders zu antworten als er eigentlich möchte (vgl. ebenda, S. 193). Es ist die „Aufgabe des Interviewers [...], den Befragten in seine Rolle einzuführen"[32] (ebenda, S. 216). Dem *Ort des Interviews* kommt ebenfalls eine zentrale Bedeutung zu. „Spezifische Aktivitäten und Personen sind an einen Ort gebunden, die Fragen des Interviews werden die mit [dem Ort] verbundenen Assoziationen aktualisieren und die Antworten unbewußt [sic!] beeinflussen"[33] (ebenda, S. 219).

4.1.1 Das Interview

Generell lassen sich drei verschiedene Typen von Befragungen unterscheiden: das *persönliche Interview*, das *telephonische Interview* und die *schriftliche Befragung* (vgl. FRIEDRICHS, J., 1973, S. 208; vgl. DIEKMANN, A., 2001, S. 373; vgl. KROMREY, H., 2002, S. 351). In diesem Kapitel soll näher auf das *persönliche Interview* eingegangen werden. Das Interview ist die Methode, die am häufigsten in der Soziologie Verwendung findet (vgl. FRIEDRICHS, J., 1973, S. 207) und wird als „ein planmäßiges Vorgehen mit wissenschaftlicher Zielsetzung, bei dem die Versuchs-person durch eine Reihe gezielter Fragen oder mitgeteilter Stimuli zu verbalen Reaktionen veranlaßt [sic!] werden soll" (zitiert in DIEKMANN, A., 2001, S. 375; zitiert in FRIEDRICHS, J., 1973, S. 207) definiert. In der Literatur wird das Interview häufig als „Königsweg[34] der praktischen Sozialforschung" (zitiert in BORTZ, J., 1984, S. 165; vgl. DIEKMANN, A., 2001, S. 371) beschrieben. Interviews lassen sich anhand des Grades ihrer Standardisierung einteilen: Auf der einen Seite das *standardisierte*

---

[31] Solche Fehler lassen sich vermeiden, indem „die Antwortdimension durch eine vorherige Information" festgelegt wird (FRIEDRICHS, J., 1973, S. 197).
[32] Damit der Befragte das Interview nicht wie eine Prüfung empfindet, sollte der Interviewer „ Ruhe, Wärme und Freizügigkeit [...] ausstrahlen" (FRIEDRICHS, J., 1973, S. 216).
[33] So können z. B. Fragen nach der Einstellung zur Gewerkschaftspolitik von einem Befragten bei einer Befragung im Betrieb anders beantwortet werden, als bei einer Befragung zu Hause (vgl. FRIEDRICHS, J., 1973, S. 219).
[34] Diese Bezeichnung ist auf René König, einen der Begründer der modernen Sozialforschung im Nachkriegsdeutschland, zurückzuführen (vgl. DIEKMANN, A., 2001, S. 371).

oder vollständig *strukturierte Interview* und auf der anderen Seite das *nichtstandardisierte, unstrukturierte* oder *qualitative Interview* (vgl. BORTZ, J., 1984, S. 165f.; vgl. DIEKMANN, A., 2001, S. 374; vgl. MAYRING, P., 2002, S. 66f). Das *strukturierte Interview* zeichnet sich durch festgelegte Fragethemen und Frageanordnung aus und das *standardisierte Interview* durch eine Festlegung der Frageformulierung (vgl. FRIEDRICHS, J., 1973, S. 208; vgl. DIEKMANN, A., 2001, S. 374; vgl. SCHNELL, R. et al., 2005, S. 323). Bei einem *nichtstandardisiertem Interview* ist lediglich ein thematischer Rahmen vorgegeben und die Gesprächsführung ist völlig offen (vgl. BORTZ, J., 1984, S. 166; vgl. DIEKMANN, A., 2001, S. 374). Der Vorteil von *standardisierten Interviews* liegt darin, dass sie in hohem Maße den wissenschaftlichen Anforderungen an Objektivität[35], Reliabilität[36] und Validität[37] entsprechen (vgl. DIEKMANN, A., 2001, S. 374). Diesem Vorteil steht der Nachteil gegenüber, dass „bei geschlossenen Fragen keine Informationen jenseits des Spektrums der vorgelegten Antwortkategorien" (ebenda, S. 374) gewonnen werden können[38]. Daher werden in der praktischen Feldforschung häufig Kompromisse eingegangen (vgl. ebenda, S. 374). So werden oftmals Mischformen „mit teilweise standardisierten und einigen weniger hochstrukturierten Fragen" (DIEKMANN, A., 2001, S. 374f.) verwendet[39]. Stark *strukturierte Interviews* werden in der Literatur auch als *quantitative Befragung* und weniger *strukturierte Interviews* als *qualitative Befragung* bezeichnet. Beispiele für *qualitative Interviews* „sind das *Leitfadeninterview*, das *fokussierte*[40] und das *narrative Interview*[41]" (ebenda, S. 375). Bei einem *Leitfadeninterview*[42] werden

---

[35] Der Grad der *Objektivität* eines Messinstruments zeigt an, „in welchem Ausmaß die Ergebnisse unabhängig sind von der jeweiligen Person, die das Meßinstrument [sic!] anwendet" (DIEKMANN, A., 2001, S. 216). „Ein Test ist objektiv, wenn verschiedene Testanwender bei denselben Personen zu den gleichen Resultaten gelangen" (BORTZ, J., 1984, S. 135).
[36] Die *Reliabilität* oder auch Zuverlässigkeit (FRIEDRICHS, J., 1973, S. 102) „eines Meßinstruments [sic!] ist ein Maß für die Reproduzierbarkeit von Meßergebnissen [sic!]" (DIEKMANN, A., 2001, S. 216). „Sie erfaßt [sic!] die Präzision bzw. den Grad der Genauigkeit der Messung eines Merkmales" (BORTZ, J., 1984, S. 136).
[37] „Die *Validität* eines Testes gibt den Grad der Genauigkeit an, mit dem dieser Test dasjenige Persönlichkeitsmerkmal oder diejenige Verhaltensweise, das (die) er messen soll oder zu messen vorgibt, tatsächlich mißt [sic!]". (zitiert in DIEKMANN, A., 2001, S. 224) Sie gibt also an, „ob das gemessen wird, was gemessen werden sollte" (FRIEDRICHS, J., 1973, S. 100).
[38] Generell sollten *standardisierte Interviews* angewandt werden, wenn bereits erhebliches Vorwissen über die zu erforschende soziale Situation vorhanden ist (vgl. DIEKMANN, A., 2001, S. 374).
[39] So lassen sich durchaus auch offene Fragen in *strukturierten Interviews* stellen (vgl. DIEKMANN, A., 2001, S. 375).
[40] Bei einem fokussiertem Interview wird „nach der Vorgabe eines einheitlichen Reizes (eines Films, einer Radiosendung etc.) [...] anhand eines Leitfadens dessen Wirkung auf die Interviewten untersucht" (FLICK, U., 2002, S. 118; vgl. MAYRING, P. 2002, S. 67).
[41] „Das narrative Interview wird vor allem im Rahmen biographischer Forschung verwendet" (FLICK, U., 2002, S. 147). Hierbei „wird der Informant gebeten, die Geschichte eines Gegenstandsbereiches, an

„mehr oder minder offen formulierte Fragen in Form eines Leitfadens in die Interviewsituation <mitgebracht> […], auf die der Interviewte frei antworten soll" (FLICK, U., 2002, S. 143; vgl. SCHNELL, R. et al., 2005, S. 387). Der Vorteil bei dieser Methode liegt darin, dass „der Interviewer im Verlauf des Interviews entscheiden [kann und soll], wann und in welcher Reihenfolge er welche Fragen stellt" (FLICK, U., 2002, S. 143). So lässt sich oftmals nur in der jeweiligen Interviewsituation entscheiden, ob eine Frage im Verlauf des Gesprächs schon beantwortet wurde und daher weggelassen werden kann (vgl. ebenda, S. 143). Darüber hinaus soll der Interviewleitfaden garantieren, „dass alle forschungsrelevanten Themen auch tatsächlich angesprochen werden" (SCHNELL, R. et al., 2005, S. 387). Des Weiteren wird aufgrund des Interviewleitfadens „eine zumindest rudimentäre Vergleichbarkeit der Interviewergebnisse gewährleistet" (ebenda, S. 387; vgl. MAYRING, P., 2002, S. 70). Das Leitfadeninterview weist jedoch einige Nachteile auf (vgl. SCHNELL, R. et al., 2005, S. 388). So werden Anforderungen an den Interviewer gestellt, „die ansonsten dem Forscher obliegen" (ebenda, S. 388). Ferner gestaltet sich die Dokumentation der Interviews[43] schwieriger. Weiterhin ist die Vergleichbarkeit der Ergebnisse geringer, wodurch die Auswertung erschwert wird (vgl. ebenda, S. 388).

---

der der Interviewte teilgenommen hat, in einer Stegreiferzählung darzustellen" (zitiert in ebenda, S. 147; vgl. LAMNEK, S., 1989, S. 70; vgl. MAYRING, P., 2002, S. 72f; LAMNEK, S., 2005, S. 357).

[42] Das *Leitfadeninterview* wird auch als *teilstandardisiertes Interview* bezeichnet, da dem Interviewer auf der einen Seite gewisse Spielräume während des Interviews gestattet werden und auf der anderen Seite bestimmte Themen auf jeden Fall behandelt werden sollen (vgl. FLICK, U., 2002, S. 143).

[43] In der Regel werden Leitfadeninterviews mittels Gesprächsnotizen während des Interviews, Gedächtnisprotokollen nach der Befragung und / oder durch Tonbandaufzeichnungen protokolliert und archiviert (vgl. SCHNELL, R. et al., 2005, S. 388).

4.1.2 Das Experteninterview

Eine spezielle Anwendungsform des *Leitfadeninterviews* stellt das *Experteninterview* dar (vgl. FLICK, U., 2002, S. 139). Der Befragte interessiert hierbei „in seiner Eigenschaft als Experte für ein bestimmtes Handlungsfeld [...] und wird als Repräsentant einer Gruppe [...] in die Untersuchung einbezogen"[44] (ebenda, S. 139). Experten können einerseits „selbst Teil des Handlungsfeldes [sein], das den Forschungsgegenstand ausmacht" (MEUSER, M., NAGEL, U., 1991, S. 443). Auf der anderen Seite können sie auch „von außen – im Sinne eines Gutachters – Stellung zum Handlungsfeld" (ebenda, S. 443) nehmen. In den meisten Fällen gehören Experten zu der „Funktionselite" (ebenda, S. 443). So werden in der Literatur häufig „Führungsspitzen aus Politik, Wirtschaft, Justiz, Verbänden, Wissenschaft" (ebenda, S. 442) als Experten herangezogen. Darüber hinaus können aber auch Lehrer, Sozialarbeiter und Personalräte als Experten befragt werden[45] (vgl. ebenda, S. 442f.). Besondere Bedeutung kommt dem Leitfaden als Steuerungselement im „Hinblick auf den Ausschluss unergiebiger Themen zu" (FLICK, U., 2002, S. 139f.; vgl. MEUSER, M., NAGEL, U., 1991, S. 448). Der Leitfaden bietet dem Interviewer die Möglichkeit und den Vorteil, sich gezielt auf das Gespräch vorzubereiten (vgl. MEUSER, M., NAGEL, U., 1991, S. 448). Der Interviewer kann somit dem Experten als kompetenter Gesprächspartner gegenübertreten (vgl. ebenda, S. 448). Der Leitfaden gewährleistet folglich die Offenheit des Gespräches. Er kann aber auch zu einem Nachteil werden, wenn sich „ein Experte [...] in einem anderen Sprachspiel als dem des Leitfadens bewegt" [s. Kapitel 4.1] (ebenda, S. 449). Ein Experteninterview gilt als gelungen, wenn bei dem Experten Neugierde für den Forschungsgegenstand und Interesse am Gedankenaustausch geweckt werden kann (vgl. ebenda, S. 450).

---

[44] Das Spektrum der eventuell relevanten Informationen, „die der Befragte <liefern> soll" (FLICK, U., 2002, S. 139), wird dabei deutlicher als bei anderen Interviewformen limitiert (vgl. ebenda, S. 139). Das liegt darin begründet, dass im Gegensatz zu anderen Formen des offenen Interviews der Befragte nicht als Individuum, sondern als „Faktor" (MEUSER, M, NAGEL, U., 1991, S. 442) eines organisatorischen oder institutionellen Zusammenhanges angesehen wird (vgl. ebenda, S. 442).
[45] Der Status eines Experten wird im Hinblick auf eine spezifische Fragestellung vom Forscher verliehen (vgl. MEUSER, M, NAGEL, U., 1991, S. 443).

Laut MEUSER, M. und NAGEL, U. (1991, S. 449f.; vgl. FLICK, U., 2002, S. 140) kann ein Experteninterview aber auch aus unterschiedlichen Gründen misslingen[46]:

1. Ein Experte wird fälschlicherweise als Experte für ein bestimmtes Thema angesprochen, obwohl er sich bei diesem nicht oder nicht mehr auskennt.

2. Der Interviewer wird vom Experten in Interna und Verwicklungen an dessen Arbeitsplatz hineingezogen und wird somit ungewollt zum Mitwisser in aktuellen Konflikten.

3. Der Experte wechselt häufig die Rollen: Mal antwortet er als Experte, mal als Privatperson. Dadurch erfährt der Interviewer mehr über den Experten als Privatperson, anstatt von ihm das gewünschte Expertenwissen zu erhalten.

Bei der Auswertung von Experteninterviews werden vor allem die Inhalte des Expertenwissens analysiert und verglichen (vgl. FLICK, U., 2002, S. 141). Bei den Vergleichen der Experteninterviews soll das „Überindividuell-Gemeinsame" (MEUSER, M., NAGEL, U., 2002, S. 80) herausgearbeitet werden. Darüber hinaus sollen „Aussagen über Repräsentatives, über gemeinsam geteilte Wissensbestände, Relevanzstrukturen, Wirklichkeitskonstruktionen, Interpretationen und Deutungs-muster" (ebenda, S. 80) getroffen werden. Die Auswertung der Experteninterviews orientiert sich „an thematischen Einheiten, an inhaltlich zusammengehörigen, über die Texte verstreuten Passagen" (ebenda, S. 81). Der erste Schritt bei der Auswertung der Experteninterviews ist die *Transkription* der Interviews, die i. d. R. auf Tonband aufgezeichnet werden. Die inhaltliche Vollständigkeit der *Transkription* hängt davon ab, inwieweit das Interview gelang und wie viele relevante Informationen enthalten sind (vgl. ebenda, S. 83). Anschließend folgt der Schritt der *Paraphrasierung*, das Wieder-geben des Textes in eigenen Worten, um das Textmaterial zu verdichten (vgl. ebenda, S. 84). Der nächste Schritt besteht in dem *Erstellen von Überschriften* der paraphrasierten Passagen. Der Zweck liegt in der Zusammenstellung von Passagen, „in denen gleiche oder ähnliche Themen behandelt werden" (ebenda, S. 85). Im darauf folgenden *thematischen Vergleich* werden „Passagen aus verschiedenen Interviews, in

---

[46] Als Zwischenform zwischen Scheitern und Gelingen ist das *rhetorische Interview* anzusehen (vgl. FLICK, U., 2002, S. 140; vgl. MEUSER, M., NAGEL, U., 1991, S. 451). „Der Experte benutzt das Interview zur Verständigung seines Wissens, er liefert einen Vortrag, ein Referat, und dort, wo er das Thema trifft, ist sein Beitrag sachdienlich" (MEUSER, M., NAGEL, U., 1991, S. 451). „Wenn der Experte das Thema verfehlt, erschwert diese Form der Interaktion die Rückführung zur eigentlich interessierenden Thematik" (FLICK, U., 2002, S. 140).

denen gleiche oder ähnliche Themen behandelt werden" (ebenda, S. 86), zusammengestellt. Daraufhin „erfolgt eine Ablösung von den Texten und auch von der Terminologie der Interviewten" (ebenda, S. 88). Das gemeinsam geteilte Wissen der verschiedenen Experten wird nun soziologisch begrifflich gestaltet und in Kategorien verdichtend eingeordnet. Ziel dieser *soziologischen Konzeptualisierung* „ist eine Systematisierung von Relevanzen, Typisierungen, Verallgemeinerungen, Deutungsmustern" (ebenda, S. 88). Besonders wichtig ist die Beachtung von Verknüpfungsmöglichkeiten einzelner Konzepte (vgl. ebenda, S.88). Am Ende der *soziologischen Konzeptualisierung* steht die empirische Generalisierung, was bedeutet, dass Aussagen über die Strukturen des Expertenwissens getroffen werden. Die empirische Generalisierung bildet die Grundlage für eine Prüfung der Reichweite der Geltung soziologischer Konzepte. Im letzten Schritt, der *theoretischen Generalisierung*, ist die Stufe der soziologischen Theorien erreicht. Es erfolgt eine systematische Ordnung der vorher erstellten Kategorien nach deren Zusammenhang. Aus der „erweiterten Perspektive der soziologischen Begrifflichkeit" (ebenda, S. 89) wird „eine Interpretation der empirisch generalisierten „Tatbestände"" (ebenda, S. 89) formuliert.

4.2 Vorgehensweise

Zusätzlich zu einem breiten Literaturstudium wurden im Zeitraum zwischen dem 25.06. und dem 16.07.2005 Experten in Irland zum Thema „Ökologischer Landbau" befragt. Nach dem Literaturstudium wurden geeignete Experten gesucht, kontaktiert und Termine für die Interviews ausgemacht. Als Experten wurden Dozenten und Doktoranden der Universitäten in Galway und Dublin (Experten[47] Nr. 2, 3, 6), dem Institute of Technology in Sligo (Experte Nr. 4) sowie Mitarbeiter der *Irish Seed Savers' Association* in Scarriff, Co. Clare (Experte Nr. 1), des *Organic Centre* in Rossinver, Co. Leitrim (Experte Nr. 5) und von *Organic Trust* (Experte Nr. 7) herangezogen. Zur Vorbereitung auf die Interviews wurde ein Leitfaden erstellt.

---

[47] Die Bezeichnung „der Experte" sagt nichts über das Geschlecht aus.

Dieser Leitfaden bestand aus fünf Themenbereichen [der komplette Leitfaden ist dem Anhang beigefügt]:

1. Organic Farmers / Actors
2. historic development of organic farming in Ireland
3. geographical conditions
4. modernisation and organic farming
5. general conditions

Es wurden sowohl *offene* als auch *geschlossene Fragen* gestellt, deren *Formulierung* vorher feststand. Die *Fragenanordnung* wurde zwar zunächst festgelegt, änderte sich aber im Verlaufe einiger Gespräche, da die Befragten von sich aus bereits bestimmte Themen ansprachen, bevor die entsprechenden Fragen an der Reihe gewesen wären. Außerdem wurde nach den ersten beiden Interviews festgestellt, dass der ursprünglich verfasste Fragebogen zu umfangreich war. Daher entfielen bei den weiteren Gesprächen die Fragen nach der Religion und die nach der Rolle der Großgrundbesitzer, deren Untersuchung vermutlich den Rahmen dieser Diplomarbeit gesprengt hätte. Die durchschnittliche Interviewdauer betrug eine Stunde. Am Ende jedes Interviews wurde auf der Grundlage der Gesprächsnotiz ein kurzer Interviewleitfaden ausgefüllt. In diesem wurden u. a. die Nummer des Interviews, das Datum und der Ort des Interviews so wie der Name des Gesprächspartners und dessen Funktion im Unternehmen eingetragen. Mit dem Einverständnis der befragten Experten wurden die Interviews, bis auf zwei Ausnahmen, auf Tonband aufgezeichnet. Die Interviews wurden anschließend transkribiert und nach der oben geschilderten Methode von MEUSER, M. und NAGEL, U. (2002) ausgewertet. Eine statistische Auswertung war nicht möglich, da nur sieben Experten interviewt wurden und dies keine statistisch sichere Grundmenge darstellt. Darüber hinaus wurden einige Fragen sehr unterschiedlich beantwortet, so dass auch hier keine statistische Signifikanz festzustellen war.

5 Ökologischer Landbau in Europa

Bis Ende der 1980er Jahre wurde die Intensivierung der konventionellen Landwirtschaft politisch und kommerziell unterstützt (vgl. LAMPKIN, N. et al., 2001, S. 390). Der ökologische Landbau hingegen wurde noch sehr skeptisch betrachtet (vgl. ebenda, S. 390). Er entwickelte sich somit „lange Zeit weitgehend frei von staatlicher Einflussnahme" (OFFERMANN, F., 2003, S. 1). Anfang der 1990er Jahre rückte diese Wirtschaftsweise in das Interessenfeld der nationalen und internationalen Politik (vgl. LAMPKIN, N., 1998, S. 13; vgl. DABBERT, S., 2000, S. 611; vgl. LAMPKIN, N. et al., 2001, S. 390). Daraufhin erlebte der ökologische Landbau in Europa einen starken Zuwachs aufgrund politischer Maßnahmen[48] und einer verstärkten Nachfrage durch die Verbraucher (vgl. LAMPKIN, N., 1998, S. 13; vgl. DABBERT, S., 2000, S. 611; vgl. LAMPKIN, N. et al., 2001, S. 390; vgl. WILLER, H. et al., 2002, S. 22f.). Lag der Anteil der ökologisch bewirtschafteten Fläche in der Europäischen Union 1986 noch bei etwa 120.000 Hektar, so stieg er bis zum Jahr 1997 auf knapp 1,8 Millionen Hektar, was einer jährlichen Zunahme von 25 Prozent entspricht (vgl. LAMPKIN, N., 1998, S. 13). Im Jahr 2002 betrug diese jedoch nur noch „rund zehn Prozent" (WILLER, H., YUSSEFI, M., 2004, S. 116). In den letzen 15 Jahren wurden „mehr als 80% der heute in der EU ökologisch bewirtschafteten Fläche [...] umgestellt" (LAMPKIN, N. et al., 2001, S. 390). 1986 hatte der ökologische Landbau in den deutschsprachigen und skandinavischen Ländern „mit weniger als einem halben Prozent der landwirtschaftlichen Nutzfläche nur eine geringe Bedeutung" (LAMPKIN, N., 1998, S. 14). Im Zeitraum von 1986 bis 1996 steigerte sich die Zahl der ökologisch wirtschaftenden Betriebe von 7.000 auf annähernd 73.000 (vgl. ebenda, S. 14). Im Jahre 2000 wirtschafteten 140.000 Betriebe ökologisch, was vier Millionen Hektar Land entspricht (vgl. LAMPKIN, N. et al., 2001, S. 390). Ab der Mitte des Jahres 2003 verlangsamte sich die Ausbreitung des ökologischen Landbaus in Europa. In einigen Ländern ging sogar die Anzahl der Biobetriebe zurück (vgl. WILLER, H., YUSSEFI, M., 2004, S. 115), wie z. B. in Italien, wo im Zeitraum von 2001 bis 2002 acht Prozent der ökologisch bewirtschafteten Betriebe verloren gingen. Nach WILLER, H. und YUSSEFI, M. (2004) liegen die Ursachen für eine Verlangsamung des Wachstums oder gar für eine Verringerung der Ökoflächen in einer Verunsicherung der Verbraucher

---

[48] EG-Verordnungen 2092/91, 2078/92 und 1804/99 [siehe Kapitel 2.2.2]

„(Stichwort Nitrofen), mit der angespannten wirtschaftlichen Situation in Europa, einer zunehmenden Konkurrenz auf dem Biomarkt und [...][einem Herabsetzen] der Förderprämien für Biobetriebe in manchen Teilen Europas" (ebenda, S. 116). Nach den neuesten Erhebungen des Forschungsinstitutes für Biologischen Landbau (FiBL[49]) und des Welsh Institute of Rural Sciences in Aberystwyth, die auf dem Stand vom 31.12.2003 basieren, nimmt der Anteil des ökologischen Landbaus in Europa wieder leicht zu. So wurden in der Europäischen Union und den vier EFTA-Staaten[50] 5,8 Millionen Hektar ökologisch bewirtschaftet, was 3,4 Prozent der landwirtschaftlichen Nutzfläche entspricht und der Anteil der ökologisch wirtschaftenden Betriebe stieg von rund 140.000 am Ende des Jahres 2002 auf mehr als 150.000 am Ende des Jahres 2003 (vgl. FIBL b, Aktuell, Pressemitteilungen, Biolandbau in Europa weiterhin auf Erfolgskurs, 2005). Dieser Anstieg der ökologisch bewirtschafteten Fläche ist vor allem dem Beitritt der zehn neuen EU-Länder[51] zuzuschreiben, die rund eine halbe Million Hektar ökologisch bewirtschaftetes Land mit einbrachten (vgl. WILLER, H., 2005, S. 3). Die Einwohner dieser Länder besitzen jedoch oftmals nicht das Kapital, um eine industriell betriebene konventionelle Landwirtschaft zu betreiben, was bedeutet, dass oftmals aus Geldmangel auf den Einsatz von chemisch-synthetischen Dünge- und Pflanzenschutzmitteln verzichtet wird (vgl. WILLER, H., YUSSEFI, M., 2004, S. 119; vgl. OESTERDIEKHOFF, G. W., 2002, S. 42). Daher wird ökologischer Landbau in diesen Ländern häufig nicht aus bewusster Entscheidung betrieben. Des Weiteren nahm der Anteil an ökologisch zertifiziertem Land in Griechenland zu, was hauptsächlich auf die Umsetzung der EU-Richtlinien hinsichtlich der ökologischen Tierhaltung zurückzuführen ist (vgl. WILLER, H., 2005, S. 3). Hier nahm der Anteil der ökologisch bewirtschafteten Fläche im Vergleich zur gesamten landwirtschaftlichen Nutzfläche am 31.12.2003 6,24 % ein. Zwischen 2002 und 2003 nahm der ökologische Landbau in Frankreich und Spanien zu und auch in Deutschland konnten Wachstumssteigerungen verzeichnet werden (vgl. ebenda, S. 3). Jedoch ist der ökologische Landbau in Frankreich noch nicht weit verbreitet (vgl. DABBERT, S. et al., 2002, S. 19). Darüber hinaus sank wiederum die Anzahl der ökologisch bewirtschafteten Fläche und der

---

[49]Hauptsitz in Frick (Schweiz), das FiBL Deutschland sitzt in Frankfurt/Main und wurde 2001 gegründet, FiBL Österreich wurde 2004 gegründet (FIBL a, Über das FiBL, 2005).
[50] zu den Ländern der Europäischen Freihandelszone (European Free Trade Area) zählen Norwegen, Island, Liechtenstein und die Schweiz
[51] Seit dem 1.05.2004 sind Malta, Tschechien, Zypern, Estland, Lettland, Litauen, Polen, Ungarn, die Slowakei und Slowenien Mitglieder der EU

Ökobetriebe in Italien. Trotz dieser Entwicklung ist Italien, hinsichtlich der absoluten Zahlen, immer noch das Land mit den meisten ökologisch bewirtschafteten Flächen und den meisten Ökobetrieben (vgl. WILLER, H., 2005, S. 3). In Bezug auf die relativen Zahlen, ist Österreich mit mehr als zwölf Prozent Ökofläche im Vergleich zur gesamten landwirtschaftlichen Nutzfläche in Europa führend, gefolgt von der Schweiz mit rund zehn Prozent und der Tschechischen Republik mit circa sechs Prozent. Zum Ende des Jahres 2003 gab es einige Länder, in denen der Anteil der ökologisch bewirtschafteten Fläche unter einem Prozent lag (vgl. ebenda, S. 3). So betrug der Anteil der ökologisch bewirtschafteten Fläche an der gesamten landwirtschaftlichen Nutzfläche in Irland, Island, Lettland, Litauen, Polen und in Zypern weniger als ein Prozent [Tab. 2] (vgl. FIBL c, Organic Europe, European Statistics, 2005). Nach Einschätzung der Experten des FiBL wird das Wachstum des ökologischen Landbaus in den nächsten Jahren weiterhin anhalten. Als Gründe hierfür sind der Europäische Aktionsplan für ökologischen Landbau[52] und weitere agrarpolitische Maßnahmen zu nennen (vgl. WILLER, H., 2005, S. 3).

Tab. 2: Anteil der ökologisch bewirtschafteten Fläche in ausgesuchten Ländern Ende 2003

Land	Anteil der ökologisch bewirtschafteten Fläche an der gesamten landwirtschaftlichen Nutzfläche [%]
Irland	0,65
Island	0,70
Lettland	0,99
Litauen	0,67
Polen	0,30
Zypern	0,70

Quelle: FIBL c, Organic Europe, European Statistics, 2005

---

[52] Der Europäische Aktionsplan für ökologischen Landbau wurde im Mai 1991 in Kopenhagen beschlossen (vgl. DAFRD, 2002, S. 14f.) Bei dieser Konferenz waren Repräsentanten aus Irland, Österreich, Dänemark, Estland, Finnland, Deutschland, Griechenland, Litauen, den Niederlanden, Norwegen, Schweden, der Schweiz und Großbritannien anwesend (vgl. ebenda, S. 14). Im Rahmen des Europäischen Aktionsplans für ökologischen Landbau sollen u. a. die Hindernisse, aber auch die Potentiale eines weiteren Wachstums des ökologischen Sektors analysiert und das Zusammenspiel zwischen einem Anwachsen des ökologischen Sektors und der Gemeinsamen Agrarpolitik untersucht werden (vgl. ebenda, S. 15).

5.1 Gründe für die regionale Verteilung des ökologischen Landbaus in Europa

Die ungleiche Verteilung des ökologischen Landbaus in Europa ist vor allem auf *agrarpolitische Maßnahmen* zurückzuführen (vgl. DABBERT, S. et al., 2002, S. 16). So wurden der ökologische Landbau und auch die Märkte für ökologische Lebensmittel in den Ländern mit den höchsten Anteilen an diesem Sektor politisch stark gefördert[53]. Aber auch „innerhalb eines Landes oder einer politisch einheitlichen Region" (ebenda, S. 17) können die ökologischen Flächen ungleich verteilt sein (vgl. BICHLER, B., 2003, S. 301). Es ist jedoch noch nicht ganz geklärt, warum in den einzelnen Regionen ökologische Betriebe so unterschiedlich verteilt sind (vgl. DABBERT, S. et al., 2002, S. 19). In der Literatur werden dennoch einige Erklärungsansätze geboten. Eine mögliche Ursache bieten die *naturräumlichen Gegebenheiten*, wie die Qualität der Böden und das Klima (vgl. BICHLER, B., 2003, S. 301; vgl. DABBERT, S. et al., 2002, S. 17). Einige Studien kamen zu dem Ergebnis, dass ökologische Betriebe auf ertragreichen Standorten zu finden seien (vgl. BICHLER, B. et al., 2005, S.52). In vielen anderen Untersuchungen wurde jedoch nachgewiesen, dass ökologischer Landbau vor allem in benachteiligten ländlichen Räumen mit einem hohen Grünlandanteil betrieben wird, was auch auf die Einführung des EG-Extensivierungsprogramms[54] von 1989 zurückzuführen ist (vgl. BICHLER, B., 2003, S. 301; vgl. DABBERT, S. et al., 2002, S. 17; vgl. BICHLER, B. et al., 2005, S. 52). In diesen Gebieten wird bereits überwiegend extensiv[55] gewirtschaftet, so dass eine Umstellung auf den ökologischen Landbau für den Landwirt keine große Änderung des Produktionsablaufes bedeutet (vgl. BICHLER, B., 2003, S. 301; vgl. DABBERT, S. et al., 2002, S. 17). In

---

[53] In Dänemark wurde 1995 ein erster Aktionsplan für den ökologischen Landbau eingeführt (vgl. DABBERT, S. et al., 2002, S. 55). Das Hauptziel dessen lag in der Förderung des ökologischen Landbaus und der Befriedigung der Nachfrage nach Ökoprodukten. Daraufhin stieg die Zahl der ökologisch bewirtschafteten Fläche stark an. 1999 erfolgte ein zweiter Aktionsplan, der vor allem den Export mit Ökoprodukten unterstützt (vgl. ebenda, S. 55). In Italien wird der Ökologische Landbau seit 1993 auf der Basis der EU-Agrarreform und deren Agrar-Umweltprogramme staatlich gefördert (vgl. ebenda, S. 58).
[54] Das EG-Extensivierungsprogramm bildet die allgemeine Voraussetzung zur finanziellen Unterstützung einer ökologischen Landbewirtschaftung im Sinne einer umweltfreundlichen Wirtschaftsweise (vgl. ALSING, I. et al., 2002, S. 206).
[55] Unter *Extensivierung* ist die „Vergrößerung des Produktionsfeldes bei gleichem Kapitaleinsatz oder Verringerung des Kapitaleinsatzes bei gleicher Größe des Produktionsfeldes" (FACHBEREICH AGRARÖKOLOGIE DER UNIVERSITÄT ROSTOCK, 1999, S. 25) zu verstehen. Bei diesen Bewirtschaftungsformen werden generell weniger mineralische oder organische Düngemittel eingesetzt (vgl. DABBERT, S. et al., 2002, S. 17).

benachteiligten Gebieten sind hauptsächlich extensive Formen der Tierproduktion[56] zu finden. Intensive Tierhaltungsformen[57] sind hingegen „in benachteiligten Gebieten mit hohem Grünlandanteil selten zu finden" (DABBERT, S. et al. 2002, S. 17). Als weiteren Grund für die räumliche Verteilung des ökologischen Landbaus könnte die *Distanz der Betriebe zur nächstgelegenen Stadt* (vgl. ebenda, S. 17) und die generelle *Verkehrslage* vermutet werden, da die Nähe zu Städten und somit zu den Verbrauchern Vorteile hinsichtlich der Direktvermarktung bieten könnte (vgl. BICHLER, B., 2003, S. 301; vgl. DABBERT, S. et al., 2002, S. 17). In der Literatur wird die Frage nach der Nähe zu Ballungszentren und somit zu potentiellen Absatzmärkten kontrovers betrachtet (vgl. BICHLER, B. et al., 2004, S. 334). Bevor 1989 das EG-Extensivierungsprogramm eingeführt wurde, schien es einen größeren Zusammenhang zwischen der Entfernung zu Ballungszentren und der räumlichen Verteilung der ökologischen Betriebe zu geben (vgl. BICHLER, B., 2003, S. 301). Obwohl nach neueren Untersuchungen sich in Deutschland kein signifikanter Zusammenhang (vgl. BICHLER, B., 2003, S. 303f.; vgl. DABBERT, S. et al., 2002, S. 17) zwischen der Verteilung von Bioland-Betrieben und der Nähe zu Städten feststellen lässt, sprechen andere Quellen hingegen davon, dass „die Nähe zum Verbraucher für den Erfolg einer Direktvermarktung von Bedeutung" (BICHLER, B., 2004 et al., S. 334) sein kann. Hinsichtlich dieses Punktes ergibt sich weiterer Forschungsbedarf. Die *Nähe zur Verarbeitung*, z. B. zu Molkereien und Getreidemühlen, scheint einen größeren Einfluss auf die Verteilung ökologischer Betriebe zu haben (vgl. BICHLER, B. et al. 2005, S. 67f.). BICHLER, B. et al. (2005, S. 68) konnten in ihren Studien zur räumlichen Verteilung des ökologischen Landbaus in Deutschland einen Zusammenhang zwischen dem Vorhandensein von Ökomolkereien und der Verteilung von ökologischen Betrieben nachweisen. Die Nähe zu Ökomühlen scheint jedoch keinen Einfluss auf die Verteilung der ökologischen Betriebe zu haben (vgl. ebenda, S. 68). Des Weiteren scheinen *Nachbarschaftseffekte* einen Einfluss auf die Verteilung ökologischer Betriebe in einer bestimmten Region zu haben (vgl. ebenda, S. 67). Diese Nachbarschaftseffekte

---

[56] Zu den *extensiven Formen der Tierproduktion* zählen die extensive Milchviehhaltung, die Weidemast von Rindern und die Schafhaltung (vgl. DABBERT, S. et al., 2002, S. 17).
[57] *Intensivierung* wird mittels „Erhöhung der Wirksamkeit und/oder des Aufwandes an Kapital in einem Produktionsfeld" (FACHBEREICH AGRARÖKOLOGIE DER UNIVERSITÄT ROSTOCK, 1999, S. 27) definiert. Die *Intensivhaltung* bezeichnet generell die Haltung großer Tierbestände auf begrenztem Raum (vgl. ALSING, I. et al., 2002, S. 378). Hierbei können „spezielle Probleme z. B. in Bezug auf Hygiene, Seuchenschutz, Gülleanfall" (ebenda, S. 378) auftreten. Zu den *intensiven Formen der Tierproduktion* zählen die Schweine- und Geflügelmast (vgl. DABBERT, S. et al., 2002, S. 17).

ermöglichen den Austausch von Informationen, die Bildung von Netzwerken und technologische Interaktionen (vgl. ebenda, S. 55).

Zusätzlich zu der Frage nach der räumlichen Verteilung der ökologischen Betriebe konnte bisher auch diejenige nach der Verteilung der Produktion noch nicht hinreichend geklärt werden (vgl. DABBERT, S. et al., 2002, S. 19). Die Menge der ökologisch produzierten Güter korreliert nicht mit der Menge vergleichbarer konventioneller Erzeugnisse. So wird z. B. innerhalb der EU mehr als ein Drittel des ökologischen Getreides in Deutschland erzeugt. In Frankreich wird die größte Menge an konventionellem Getreide angebaut. Trotzdem beträgt der Anteil dieses Landes an der ökologischen Getreideproduktion innerhalb der EU nur neun Prozent. Der Umfang der regionalen Produktion von Ökogetreide ist vor allem auf folgende Gründe zurückzuführen (vgl. ebenda, S. 19):

1. Ertragsniveau der Region
2. Anteil der Ackerfläche an der Gesamtfläche
3. Rentabilität der einzelnen Feldfrüchte

5.2 Die Märkte für Ökoprodukte

Der Markt für ökologische Lebensmittel und Getränke ist im Vergleich zum gesamten Lebensmittelmarkt noch gering (vgl. DABBERT, S. et al., 2002, S. 21). Durchschnittlich werden von den Verbrauchern „in den wichtigsten Industrieländern zwischen 0,5 und 3 Prozent ihres Lebensmittel-Budgets für Öko-Lebensmittel" (ebenda, S. 21) ausgegeben. Das Marktvolumen für ökologische Lebensmittel beträgt in diesen Ländern in der Summe rund 17,5 Milliarden US-Dollar pro Jahr. Nach Schätzungen einiger Experten könnten die Märkte für ökologische Lebensmittel ein jährliches Wachstum von zehn bis 30 Prozent erreichen (vgl. ebenda, S. 21). Der größte Markt für Ökoprodukte innerhalb Europas befindet sich in Deutschland[58], dicht gefolgt von Großbritannien[59]. In Bezug auf den Anteil von Ökoprodukten am Lebens-mittelumsatz im Einzelhandel ist Dänemark mit einem Anteil von drei Prozent in

---

[58] In Deutschland wird eine jährliche Wachstumsrate von zehn bis 15 Prozent erwartet, was 220 bis 360 Millionen US-Dollar entspricht (vgl. DABBERT, S. et al., 2002, S. 22).
[59] Nach Schätzungen wird das jährliche Wachstum in Großbritannien auf 25 bis 30 Prozent betragen, was ca. 300 Millionen US-Dollar entspricht (vgl. DABBERT, S. et al., 2002, S. 22).

Europa führend[60]. Die dänischen Verbraucher geben mehr für Ökoprodukte aus als die Verbraucher in den restlichen europäischen Ländern (vgl. ebenda, S. 22). Diese Tatsache ist vor allem auf die umfangreichen Marketingkampagnen einer Einzelhandelskette und einiger Molkereien zurückzuführen (vgl. DABBERT, S. et al., 2002, S. 54f.). Am Beispiel Italien lässt sich hervorragend demonstrieren, dass „die Größe der Produktionsfläche mit dem Marktanteil auf den heimischen Öko-Märkten" (ebenda, S. 22) nicht korreliert. Hinsichtlich des Anteils von Ökoprodukten am Lebensmittelumsatz im Einzelhandel belegt Italien nur Rang drei, obwohl in diesem Land mehr Hektar, im Vergleich zu den anderen europäischen Ländern, ökologisch bewirtschaftet werden (vgl. DABBERT, S. et al., 2002, S. 22; vgl. WILLER, H., 2005, S. 3). Diese Tatsache lässt sich möglicherweise durch den Export eines Großteils der Ökoprodukte begründen[61] (vgl. DABBERT, S. et al., 2002, S. 22). Der einheimische Markt für Ökoprodukte in Italien beginnt erst seit kurzem an Einfluss zu gewinnen (vgl. DABBERT, S. et al., 2002, S. 58). Dieses Beispiel stützt die Hypothese, dass der Handel mit Ökoprodukten mehr und mehr europäische und globale Dimensionen entwickelt (vgl. OESTERDIEKHOFF, G. W., 2002, S. 41). Innerhalb Europas bauen außerdem Dänemark und die Niederlande eine starke Ökoexportindustrie auf (vgl. ebenda, S. 41). Obwohl Direkt- und Regionalvermarktung den Prinzipien der Nachhaltigkeit am ehesten entsprechen, verlieren sie zu Gunsten des Exportes der Ökoprodukte zunehmend an Bedeutung (vgl. OESTERDIEKHOFF, G. W., 2002, S. 41; vgl. KÖNIG, B., BOKELMANN, W., 2005, S. 549). Der „Wunsch der Kunden, zu allen Jahreszeiten alle Früchte kaufen zu können" (OESTERDIEKHOFF, G. W., 2002, S. 41), wiegt mehr als der „Faktor Transportvermeidung" (ebenda, S. 41). Seit einigen Jahren werden ökologische Produkte zunehmend in Supermärkten verkauft (vgl. DABBERT, S. et al., 2002, S. 28f.). Diese Entwicklung trifft hauptsächlich auf Großbritannien, Österreich und Dänemark zu (vgl. DABBERT, S. et al., 2002, S. 28; vgl. OESTERDIEKHOFF, G. W., 2002, S. 42). In Österreich und Dänemark zeigt sich darüber hinaus der Trend, dass Ökoprodukte, die in Supermärkten verkauft werden, nur noch von sehr wenigen Molkereien und Zwischenhändlern bezogen werden (vgl. OESTERDIEKHOFF, G. W., 2002, S. 42). In Frankreich wurde in der letzten Dekade eine ähnliche Entwicklung beobachtet (vgl. ebenda, S. 42).

---

[60] Pro Jahr sollen laut Schätzungen etwa 50 Millionen US-Dollar Umsatz hinzukommen (vgl. DABBERT, S. et al., 2002, S. 22).
[61] Italien führt vor allem Wein, Obst, Milch, Getreide, Gemüse sowie Olivenöl und andere Spezialitäten aus ökologischem Anbau aus (vgl. DABBERT, S. et al., 2002, S. 23 und S. 58).

5.3　Forschung im Bereich Ökologischer Landbau

Der ökologische Landbau wurde bis in die 1970er Jahre hinein vor allem von Praktikern weiterentwickelt (vgl. DABBERT, S. et al., 2002, S. 32). In den 70er Jahren des 20. Jahrhunderts begannen einige Forschungsinstitutionen, sich für den ökologischen Landbau zu interessieren. Die Forschung an den Universitäten entstand in den 1980er Jahren und schließlich zogen in den 1990er Jahren Regierungsinstitutionen nach. Die Forschung konzentrierte sich zunächst auf die philosophischen, sozialen und politischen Aspekte des ökologischen Landbaus. Heutzutage werden Untersuchungen hauptsächlich in folgenden Bereichen durchgeführt (vgl. ebenda, S. 32):

1. Verbesserung der Produktionsmethoden
2. Lebensmittelqualität
3. Umweltfolgen
4. Politik
5. Vermarktung

In Europa überwiegte bislang die Forschung zum ökologischen Pflanzenbau, „obwohl aktuell eine Verschiebung zur Tierhaltungsforschung zu beobachten ist"[62] (ebenda, S. 32). Inwiefern die Untersuchungen wirklich einen praktischen Nutzen liefern, wird in der Literatur und auch zwischen Forschern und Beratern kontrovers diskutiert (vgl. ebenda, S. 33). Wissenschaftliche Ergebnisse sind oftmals nicht relevant für die Umsetzung in die Praxis, da die Forscher kaum Kontakt zur praktischen Landwirtschaft haben. Des Weiteren ist die Kommunikation zwischen Forschern und Beratern häufig unzureichend. Obendrein findet der vielfältige Systemcharakter eines Betriebes keine Berücksichtigung (vgl. ebenda, S. 34). Praxis bezogene Forschung im Bereich Ökologischer Landbau ist jedoch von großer Bedeutung. Da im ökologischen Landbau der Einsatz von leichtlöslichen chemisch-synthetischen Dünge- und Pflanzenschutz-mitteln verboten ist, sind besonders vorbeugender Pflanzenschutz und intelligentes Stickstoffmanagement von großer Bedeutung. Auch im Bereich artgerechter Tierhaltungssysteme und des Einsatzes homöopathischer Medizin in der Tierhaltung

---

[62] Ein hoher Anteil an Studien zur Tierhaltung findet sich überwiegend in Ländern mit bedeutenden Tierbeständen, wie z. B. Dänemark und Großbritannien (vgl. DABBERT, S. et al., 2002, S. 32). Forschungen zum Thema Gartenbau dominieren hingegen im Mittelmeerraum (vgl. ebenda, S. 33).

41

besteht ein wesentlicher Forschungsbedarf. Selbst die konventionelle Landwirtschaft kann von etlichen Ergebnissen der Forschung im Bereich des Ökologischen Landbaus Nutzen ziehen (vgl. ebenda, S. 35).

6 Ökologischer Landbau in Irland

6.1 Historische Entwicklung

Wie in den meisten europäischen Ländern, so ist auch in Irland kein genauer Zeitraum zu definieren, in welchem der ökologische Landbau entstand. Laut MOORE, O. (2003; 2004) sind vier verschiedene Entwicklungsstadien zu nennen: Spiritualität / Solidarität, Selbstversorgung, Verkauf / Kommerzialisierung und schließlich das „Auseinander-brechen" der Bewegung (vgl. MOORE, O., 2003, S. 1). In diesem Kapitel werden überwiegend die Arbeiten von MOORE, O. (2003; 2004) und von WILLER, H. (1992) als Quellen herangezogen, da bislang noch sehr wenig über die historische Entstehung des ökologischen Landbaus in Irland publiziert wurde. MOORE, O. (2003; 2004) und WILLER, H. (1992) erhielten ihre Daten größtenteils aus eigenen Interviews und Befragungen.

6.1.1 Spiritualität / Solidarität

Das erste Entwicklungsstadium umfasst den Zeitraum von 1936 bis 1970 (vgl. MOORE, O., 2004, S. 21). Der ökologische Landbau in Irland ist in diesem Zeitraum eng mit der Ausbreitung der biologisch-dynamischen Wirtschaftsweise verbunden. Die erste biologisch-dynamische Farm in Irland wurde 1936 von Archer Houblon in Kilmurry[63], Co. Kilkenny, gegründet (vgl. MOORE, O., 2003, S.4). Daher wurde von MOORE, O. das Jahr 1936 als Beginn des ökologischen Landbaus in Irland gewählt. Die ersten biologisch-dynamischen Produkte, die in Dublin und Kilkenny in den Jahren von 1955 bis 1959 verkauft wurden, stammten von der Kilmurry-Farm (vgl. MOORE, O., 2003, S. 4). Eine Besonderheit in der anthroposophischen Bewegung sind die so genannten *Camphill Communities*. Diese Lebensweiseformen widmen sich der Pflege von geistig oder körperlich Behinderten, die vollständig in die Kommune integriert sind. In den meisten Fällen betreiben die *Camphill Communities* Landwirtschaft, um sich möglichst selbst zu versorgen (vgl. MOORE, O., 2003, S. 4; WILLER, H., 1992, S. 87). Die erste *Camphill Community* auf der irischen Insel wurde 1954 in Glencraig, Co. Down (Nordirland) gegründet; wohingegen Duffcarrig, 1971 im Co. Wexford gegründet, die erste *Camphill Community* in der Republik Irland war (vgl. MOORE, O., 2003, S. 4; THE ASSOCIATION OF CAMPHILL COMMUNITIES IN GREAT

---

[63] Die Farm in Kilmurry existiert heutzutage nicht mehr (Aussage des Experten Nr. 2).

BRITAIN; Guide to Camphill Communities, Duffcarrig Village Community, 2004). Letztere ist immer noch existent (vgl. THE ASSOCIATION OF CAMPHILL COMMUNITIES IN GREAT BRITAIN; Guide to Camphill Communities, Duffcarrig Village Community, 2004). Die Anhänger der biologisch-dynamischen Bewegung in diesem Zeitraum zeigten eine große Solidarität untereinander, aber sie distanzierten sich oftmals vom Rest der Gesellschaft (vgl. MOORE, O., 2004, S. 22). Laut MOORE, O. (2004, S. 21) ist die ökologische Bewegung in Irland in der Zeit von 1936 bis 1970 eher eine kleine und sporadische Erscheinung. Auffällig ist, dass in dieser Pionierphase fast ausschließlich anglo-irische Farmer ökologisch wirtschaftende Betriebe gründeten. Diese Farmer gehörten größtenteils dem alteingesessenen Landadel an, der auf protestantische Siedler aus dem 16. Jahrhundert zurückzuführen ist (vgl. ebenda, S. 21). Obwohl sie oftmals schon seit mehreren hundert Jahren in Irland lebten, behielten sie ihre anglo-irische Kultur bei. Sie bildeten, wenn überhaupt, nur innerhalb ihres eigenen Kulturraumes Netzwerke und distanzierten und isolierten sich bewusst, auch hinsichtlich der Ausbreitung der Idee des ökologischen Landbaus, von der katholischen Landbevölkerung Irlands (vgl. MOORE, O., 2004, S. 21). Es bestanden aber durchaus Beziehungen zu ökologischen und biologisch-dynamischen Bewegungen im Vereinigten Königreich (vgl. ebenda, S. 21). Dort wurde 1946 die *Soil Association*[64] von Sir Albert Howard und Lady Eve Balfour (vgl. PADEL, S., MICHELSEN, J., 2001, S. 398; vgl. LÜNZER, I., 2002, S. 166[65]; vgl. WILLER, H., 1992, S. 91; vgl. SOIL ASSOCIATION, History, 2005) aus „Mißtrauen [sic!] gegenüber den agrochemischen Techniken und deren Konsequenzen für die menschliche Gesundheit" (WILLER, H., 1992, S. 91) gegründet. Lady Eve Balfour besuchte Mitte der 1950er Jahre Irland und gründete daraufhin in Dublin ebenfalls eine *Soil Association* (vgl. MOORE, O., 2003, S. 4). Diese Vereinigung stellte eine Möglichkeit für die kleine Gruppe anglo-irischer Ökolandwirte dar, sich zu treffen und Erfahrungen auszutauschen (vgl. ebenda, S. 4). Im Gegensatz zu der katholischen, irischen Landbevölkerung bewirtschafteten die anglo-irischen Ökolandwirte große Ländereien (vgl. MOORE, O., 2004, S. 21). Daher sind die ersten ökologischen Betriebe in Irland zumeist im Süden und Südwesten anzutreffen, wo der anglo-irische Landadel große Ländereien besaß, weil hier die ertragreichsten Böden zu finden sind. (vgl. WILLER, H., 1992, S. 96f.).

---

[64] Die *Soil Association* ist heutzutage der größte Anbauverband in Großbritannien (vgl. PADEL, S., MICHELSEN, J., 2001, S. 398)

[65] LÜNZER, I. (2002, S. 166) gibt jedoch fälschlicherweise als Gründungsjahr 1952 an. Dies kann aber nicht der Fall sein, da Sir Albert Howard bereits 1947 verstarb (vgl. ebenda, S. 180).

Auch bei dem bereits erwähnten Gründer der Kilmurry Farm, Archer Houblon, zeigt sich die Affinität zu dem anglo-irischen Kulturraum, da er an Konferenzen, die sich mit anthroposophischen und biologisch-dynamischen Themen befassten, in England teilnahm (vgl. MOORE, O., 2003, S. 4). Diese Farm war im Gegensatz zu anderen nicht völlig isoliert, da sie sich in der Nähe der oben erwähnten *Camphill Community* Duffcarrig befand und es durchaus Leute gab, die auf beiden Farmen arbeiteten (vgl. MOORE, O., 2003, S. 4). 1951 gründete ein Dubliner aufgrund gesundheitlicher Aspekte eine ökologisch wirtschaftende Farm, aber selbst er war nicht katholisch, sondern gehörte der Glaubensgemeinschaft der Quäker an (vgl. MOORE, O., 2004, S. 21; vgl. MOORE, O., 2003, S. 5). Folglich lässt sich sagen, dass es in der Anfangszeit des ökologischen Landbaus in Irland keine Nachweise von katholischen, irischen Wegbereitern gibt (vgl. MOORE, O., 2004, S. 21).

Auch der Zeitraum von 1950 bis 1970 war von einem anglo-irischen Ökolandbau geprägt. Ökologischer Landbau wurde oftmals nicht aus bewusster Überzeugung ausgeübt, sondern es war einfach die Art und Weise, wie Landwirtschaft betrieben wurde - „it was just how things were done; my family would not have known the term organic, not at all, no" (zitiert in MOORE, O., 2004, S. 22).. Des Weiteren ist der ökologische Landbau in dieser Phase noch nicht als *soziale* Gegenbewegung zur konventionellen Landwirtschaft zu sehen, da noch keine Netzwerkbildung stattfand. Nur die Anhänger der biologisch-dynamischen Wirtschaftsweise betrieben ökologischen Landbau bewusst aus *weltanschaulichen* Gründen (vgl. ebenda, S. 22).

6.1.2 Selbstversorgung

Die nächste Entwicklungsphase erstreckt sich laut MOORE, O. (2003, S. 5ff; 2004, S. 22) von dem Jahr 1970 an bis ins Jahr 1980. Nun trat eine andere Gruppe von Akteuren ins Rampenlicht: oppositionell agierende Ökofarmer, die bewusst eine Alternative zur urbanen Konsumgesellschaft suchten (vgl. TOVEY, H., 1997, S. 25; vgl. TOVEY, H., 1999, S. 36; vgl. MOORE, O., 2004, S. 22). Sie sehnten sich nach einer Lebensweise, in der sich Selbstversorgung mit Umweltfreundlichkeit verband (vgl. MOORE, O., 2003, S. 5; vgl. MOORE, O., 2004, S. 22). Ihnen gemeinsam war die Tatsache, dass sie zumeist einen urbanen Hintergrund hatten, dem sie aber zu entfliehen versuchten (vgl. MOORE, O., 2004, S. 22; vgl. WILLER, H., 1992, S. 92f.). So kamen die meisten aus England, aber auch aus Zentraleuropa, vor allem aus den Niederlanden und Deutschland (vgl. TOVEY, H., 1999, S. 36; vgl. MOORE, O., 2003, S. 5). Charakteristisch für diese Immigranten war eine gewisse Zivilisationsmüdigkeit, weshalb sie Irland, das bessere Umweltbedingungen und günstige Bodenpreise bot, als ihr neues Zuhause wählten (vgl. WILLER, H., 1992, S. 94f.). Darüber hinaus besaßen die meisten keine oder nur geringe Kenntnisse über die Landwirtschaft (vgl. TOVEY, H., 1999, S. 36; vgl. MOORE, O., 2004, S. 22); „they learned by trial and error" (MOORE, O., 2003, S. 5; vgl. WILLER, H., 1992, S. 85). Die Mehrheit dieser Ökofarmer war universitär ausgebildet und entstammte der Mittelschicht (vgl. MOORE, O., 2004, S. 22; vgl. WILLER, H., 1992, S. 85 und S. 87). Im Gegensatz zum anglo-irischen Landadel siedelten sich diese so genannten „homesteaders"[66] (MOORE, O., 2003, S. 5; MOORE, O., 2004, S. 22) in den ärmsten und abgelegensten Gegenden mit den schlechtesten Böden an, also dort, wo Grundstücke billig zu erwerben waren (vgl. MOORE, O., 2003, S. 5; vgl. MOORE, O., 2004, S. 22; WILLER, H., 1992, S. 93f.). Die meisten der neu eingewanderten „homesteaders" siedelten sich im Westen und Nordwesten, hier vor allem im Co. Leitrim, an (vgl. MOORE, O., 2003, S. 5; vgl. WILLER, H., 1992, S. 93). Weiterhin waren die Ländereien der „homesteaders" weitaus kleiner als die des anglo-irischen Landadels (vgl. MOORE, O., 2004, S. 22).

In den Jahren von 1970 bis 1975 entwickelten sich die Kommunikation und die Interaktion zwischen den einzelnen Ökofarmern nur sehr langsam (vgl. MOORE, O.,

---

[66] Der Begriff „homesteaders" lässt sich ins Deutsche frei mit „Besitzer einer Heimstätte oder eines kleinen Bauernhofes (Gehöftes)" übersetzen.

2004, S. 24), was auf einen Mangel an moderner Infrastruktur zurückzuführen war (vgl. MOORE, O., 2003, S. 5). Obwohl ein Mangel an moderner Infrastruktur vorhanden war, begann die Bewegung ab Mitte der 70er Jahre des 20. Jahrhunderts ein Netzwerk zu bilden (vgl. MOORE, O., 2004, S. 22), und es fanden immer häufiger kleinere Festivals, hauptsächlich in North Leitrim, statt (ebenda; vgl. MOORE, O., 2003, S. 5). Weshalb die Bewegung nun trotz des Mangels an moderner Infrastruktur begann, Netzwerke zu bilden, lässt sich leider nicht genau sagen. Das bedeutendste Festival war das *Mustard Seed Festival*, das 1976 in Leitrim stattfand (vgl. MOORE, O., 2003, S. 5; vgl. MOORE, O., 2004, S. 22). „The Mustard Seed was very much based around migrants coming together to share skills and ideas in their particular brand of self-sufficient rural living, from bee-keeping to biodynamic preparations" (MOORE, O., 2003, S. 5). Ein Resultat dieses Festivals war die Veröffentlichung einer Zeitschrift, die zunächst *North-West Newsletter* hieß und später in *Common Ground* umbenannt wurde (vgl. MOORE, O., 2003, S. 5; vgl. MOORE, O., 2004, S. 22). *Common Ground* wurde anschließend ohne Unterbrechung 20 Jahre lang herausgegeben (vgl. MOORE, O., 2004, S. 22). Die Zeitschrift beschränkte sich aber auf einen sehr kleinen Leserkreis (vgl. MOORE, O., 2004, S. 26). Bis ins Jahr 1990 war *Common Ground* das Organ des Anbauverbandes *Irish Organic Farmers' and Growers' Association* (IOFGA) [s. Kapitel 6.1.3] (vgl. WILLER, H., 1992, S. 102). Laut WILLER, H. (1992, S. 102) ist „die Zeitschrift [...] Organ der Ökologiebewegung im ländlichen Irland insgesamt (Kennzeichen: Kritik an der Gesellschaft des 20. Jahrhunderts und kapitalistischen Produktionsformen, Ökologiegedanke, Suche nach einem besseren Leben)". Ferner gab es noch zwei Farmen in North Leitrim, Thompsons und Pearsons Farmen, die einen wichtigen Beitrag zur Etablierung der Bewegung des ökologischen Landbaus leisteten (vgl. MOORE, O., 2004, S. 24). Die im vorangegangenen Kapitel 6.1.1 bereits vorgestellte Kilmurry-Farm war weiterhin von großer Bedeutung (vgl. MOORE, O., 2004, S. 22). Aufgrund solcher Farmen und auch den oben erwähnten Festivals konnten Kontakte geknüpft, Netzwerke gegründet und eine kollektive Identität gebildet werden. Im Gegensatz zu der Zeitspanne von 1936 bis 1970 gab es nun auch Interaktionen zwischen lokalen Farmern und den zugezogenen „homesteaders" (vgl. ebenda, S. 22), was auf die verschiedenen Festivals zurückzuführen sein könnte.

Mitte der 70er Jahre des 20. Jahrhunderts wurden die ersten Vollwert – Co-ops und Reformhäuser in Irland gegründet (vgl. MOORE, O., 2003, S. 6). Zu diesem Zeitpunkt war aber die kommerzielle Vermarktung und der Verkauf der eigenen Produkte für die Ökolandbau-Bewegung noch nicht so wichtig; diese Entwicklung setzte erst ab Mitte der 80er Jahre des Jahrhunderts ein [s. Kapitel 6.1.3]. Weitaus mehr Bedeutung nahm die Selbstversorgung ein. Ende der 1970er Jahre wurden in North Leitrim die ersten Coops und Produzentengemeinschaften der Ökolandbau-Bewegung gegründet. Zur selben Zeit etablierte sich die erste offizielle Organisation von WWOOF[67] (vgl. ebenda, S. 6).

Vorbilder für die Bewegung des ökologischen Landbaus waren Landwirte wie John Seymour[68], der seine Farm in Selbstversorgung bewirtschaftete und Bücher zum Thema Selbstversorgung (z. B. „Das große Buch der Selbstversorgung") veröffentlichte. Ein weiteres Vorbild war die amerikanische Schriftstellerin und Biologin Rachel Carson[69], die in ihrem letzten Buch „die Gruselwelt der systemischen Insektizide, [der] chlorierten Kohlenwasserstoffe und organischen Phosphorverbindungen" (LUHMANN, H.-J., Rachel Carson – ein Blatt, ein Bild, ein Wort, 2004) beschrieb.

Der ökologische Landbau in Irland stand in den 70er Jahren des 20. Jahrhunderts noch völlig außerhalb des Interesses des irischen Staates und auch der kommerziellen Landwirtschaft (vgl. MOORE, O., 2004, S. 23). Ökologischer Landbau wurde in diesem Zeitraum mehr und mehr zu einer *sozialen* Bewegung, welche Gegner der konventionellen Landwirtschaft, der Umweltverschmutzung, des Massenkonsums und der Urbanisierung in sich vereinte (vgl. TOVEY, H., 1999, S. 36; vgl. MOORE, O., 2004, S. 23; Aussage des Experten Nr. 1) und deren Anhänger nach und nach Netzwerke bildeten (vgl. TOVEY, H., 1999, S. 36; vgl. MOORE, O., 2004, S. 24). Den Einwanderern kam in dieser Entwicklung eine besondere Bedeutung zu, da sie neue Ideen und auch die Bezeichnung „ökologischer Landbau" nach Irland brachten (Aussagen der Experten Nr. 1, 4, 6 und 7). Von Öffentlichkeit und Politik wurde die Bewegung noch kaum wahrgenommen (vgl. MOORE, O., 2004, S. 23).

---

[67] Zu diesem Zeitpunkt stand WWOOF noch für „working weekends on Organic Farms; heutzutage steht die Abkürzung für „Willing Workers on Organic Farms" (vgl. TOVEY, H., 1999, S. 37; vgl. MOORE, O., 2003, S. 21)
[68] Geboren 1914 in England; bewirtschaftete Selbstversorgungsfarmen in England, Wales und Irland; gilt als *die* Ikone der Selbstversorgung (vgl. ANONYMUS a, o. J.; vgl. ANONYMUS b, o. J.). Gestorben 2004 in New Ross, Co. Wexford, Irland (vgl. ANONYMUS c, o. J.)
[69] Geboren 1907 in Springdale (Pennsylvania), gestorben 1964 in Silver Springs (Maryland) (vgl. LUHMANN, H.-J., Rachel Carson – ein Blatt, ein Bild, ein Wort, 2004).

6.1.3 Verkauf / Kommerzialisierung

Von den frühen 1980ern bis zu den frühen 1990ern Jahren wurde es für viele ökologisch wirtschaftende Landwirte immer bedeutender, ihre Produkte nicht nur für die eigene Versorgung anzubauen, sondern mehr und mehr professionell zu vermarkten (vgl. MOORE, O., 2004, S. 24). Daher lässt sich diese Dekade am besten mit den Begriffen Verkauf und Kommerzialisierung umschreiben (vgl. MOORE, O., 2003, S. 1). In diesem Jahrzehnt fand zudem eine erste Institutionalisierung des ökologischen Landbaus in Irland durch die Gründung des ersten Anbauverbandes statt, was in diesem Kapitel noch näher erläutert werden wird (vgl. MOORE, O., 2004, S. 25f.; vgl. WIILER, H., 1992, S. 102f.). Des Weiteren wurde die Ökologiebewegung von nun an mehr von der Öffentlichkeit wahrgenommen (vgl. MOORE, O., 2004, S. 24). Ein bedeutender Auslöser dieser Entwicklung war der Protest gegen den Bau eines Atomkraftwerkes beim Carnsore Point, in der Grafschaft Wexford im Jahre 1981 (vgl. ebenda; MOORE, O., 2003, S. 6). In diesem Zusammenhang engagierten sich mehr und mehr Leute in der Ökologiebewegung und neue Lebensmittel - Co-ops wurden gegründet (vgl. MOORE, O., 2004, S. 25). Wie bereits in den vorangegangenen Kapiteln beschrieben, mangelte es den ökologisch wirtschaftenden Landwirten und Gärtnern bislang an einer ausreichenden Netzwerkbildung und vor allem an Kommunikation und Koordination untereinander. Daher versuchten die englische *Soil Association* und das englische Forschungsinstitut *Henry Doubleday Research Association* einige Male, einen irischen Anbauverband zu gründen (vgl. WILLER, H., 1992, S. 102). Diese Versuche schlugen jedoch fehl (vgl. ebenda, S. 102). Im Januar 1982 erfolgte ein Aufruf „von einem der ersten Erwerbsgärtner in der Zeitschrift „North-West Newsletter" [der späteren *Common Ground*] zu einem Treffen der Erwerbsgärtner („commercial growers")" (ebenda, S. 102). Am 25. September 1982 fand dieses Treffen, an dem etwa 30 Leute teilnahmen, schließlich in Eden, North Leitrim statt und führte zu der Gründung von IOGA, der *Irish Organic Growers' Association* (vgl. WILLER, H., 1992, S. 102; MOORE, O., 2003, S. 6). „Es wird beschlossen, daß [sic!] IOGA in erster Linie als Verband für Erwerbsgärtner fungieren soll. Als Ziele der Organisation werden der Ausbau des Kontaktes zwischen den Mitgliedern und die Hilfe bei der Vermarktung formuliert" (WILLER, H., 1992, S. 103). 1984 wurde der *North-West Newsletter* zusammen mit den vier IOGA – Seiten, die u. a. Informationen zu ökologischen Regelungen, zur ökologischen

Landbewirtschaftung und auch zur Verpackung und dem Etikettieren von Produkten enthielten, zum Organ der Anbauorganisation (vgl. WILLER, H., 1992, S. 103; vgl. MOORE, O., 2003, S. 7). Bei einer Mitgliederversammlung am 16. Dezember 1984, an der sowohl Gärtner als auch Landwirte teilnahmen, wurde beschlossen, letztere ebenfalls in den Anbauverband mit aufzunehmen (vgl. WILLER, H., 1992, S. 103). Als Folge wurde der Name des Anbauverbandes von *Irish Organic Growers' Association* in *Irish Organic Farmers' and Growers' Association*, kurz IOFGA, umgeändert (vgl. ebenda, S. 103). Darüber hinaus wurde IOFGA mehr und mehr Aufmerksamkeit durch die Öffentlichkeit zu teil (vgl. MOORE, O., 2003, S. 7). Die lokale, regionale und nationale Presse, wie z. B. *Provincial Farmer* und *Irish Press*, begann über ökologischen Landbau und IOFGA zu berichten (vgl. ebenda, S. 7). Beachtenswert ist die Tatsache, dass bis in die Mitte der 1980er Jahre kein IOFGA – Mitglied gebürtiger Ire war (vgl. MOORE, O., 2004, S. 25). Obwohl der Anbauverband IOFGA den Mitgliedern eine Plattform und die Möglichkeit zum Erfahrensaustausch bot, entschieden sich viele Landwirte, die sich selbst als ökologisch ansahen und auch ökologisch wirtschafteten, gegen eine Mitgliedschaft (vgl. MOORE, O., 2003, S. 7). Trotz dieser offensichtlichen Ablehnung des Anbauverbandes durch einige Ökolandwirte, stieg die Zahl der Mitglieder ab Mitte der 1980er Jahre ständig an. So waren alleine im Zeitraum zwischen 1985 und 1986 150 neue Mitglieder zu verzeichnen, die die Gesamtzahl der Mitglieder von IOFGA auf 350 ansteigen ließ. Viele dieser neuen Mitglieder waren gebürtige Iren, was die Zusammensetzung der Organisation grundlegend änderte (vgl. ebenda, S. 8).

Bis zum Jahr 1986 verwendete der Anbauverband zur Kennzeichnung irischer Ökoprodukte das Symbol der englischen *Soil Association* [s. Abb. 1] (vgl. WILLER, H., 1992, S. 103; vgl. TOVEY, H., 1999, S. 38). 1986 forderten mehrere Mitglieder von IOFGA ein eigenes, irisches Symbol (vgl. WILLER, H., 1992, S. 103). Dieser Wunsch nach einem irischen Symbol / Markenzeichen lässt „z. T. das in Irland tief verwurzelte Mißtrauen [sic!] gegen England als ehemaliger Kolonialmacht spüren" (ebenda, S. 103). Deshalb wurde im April 1987 ein Markenzeichen mit dem Schriftzug *Irish Organic Produce* eingeführt, das bis 1989 benutzt wurde [s. Abb. 1] (vgl. WILLER, H., 1992, S. 103; vgl. TOVEY, H., 1999, S. 38f.; vgl. MOORE, O., 2003, S. 8, vgl. MOORE, O., 2004, S. 25). Im Gegensatz zu den Logos, die von den anderen Anbauverbänden in der damaligen EG genutzt wurden, garantierte es „nicht nur die kontrollierte, ökologische Produktionsmethode, sondern auch die irische Herkunft des Produkts" (WILLER H., 1992, S. 103; vgl. TOVEY, H., 1999, S. 39). Dies führte „bei der Kennzeichnung von Verarbeitungs- und Mischprodukten, die auf Importware angewiesen sind" (WILLER, H., 1992, S. 103), zu Problemen und beunruhigte Importeure (MOORE, O., 2003, S. 8), da auf dem Symbol eine Karte Irlands zu sehen war (vgl. MOORE, O., 2003, S. 16). Aufgrund dessen war es leicht anzunehmen, dass alle Zutaten dieser Produkte irischen Ursprungs seien, was aber oftmals wegen der gegebenen klimatischen Anbaubedingungen nicht möglich ist. Gegner dieses Symbols waren darüber hinaus der Auffassung, dass es aufgrund der Ähnlichkeit mit einer alten irischen Militärmedaille Probleme beim Handel mit Nordirland geben könnte. Obendrein erschien es primär als ein irisches Symbol und erst sekundär als ein Symbol zur Kennzeichnung von ökologisch erzeugten Produkten. Andere Mitglieder des Anbauverbandes befürworteten das Symbol, gerade weil es eine Karte von Irland enthielt. Somit wurde sich bewusst von Großbritannien und dessen Bild als ein Land mit sehr viel Umweltverschmutzung und Atomenergie distanziert. Einige betrachteten das Symbol als Ausdruck von Nationalstolz und einer irischen Ökologiebewegung, die nun in Erscheinung trat. Des Weiteren wurde anhand der irischen Karte auf die lokale Lebensmittelproduktion hingewiesen. Wiederum andere sahen einen Vorteil darin, dass das Symbol wie eine Insel aussah. Sie waren der Überzeugung, dass ein grünes Image eher mit einem isolierten (Insel-) Staat zu vereinbaren sei (vgl. ebenda, S. 16).

Abb. 1: Das erste irische Symbol *Irish Organic Produce* zur Kennzeichnung ökologischer Produkte und das Symbol der englischen *Soil Association*
Quelle: WILLER, H., 1992, S. 6 (Symbol der SA) und S. 8 (Symbol *Irish Organic Produce*)

Der Anbauverband begann in diesem Zeitraum, eigene Inspektionen mit Hilfe von Inspektoren der englischen *Soil Association* durchzuführen (vgl. MOORE, O., 2004, S. 26). 1987 nabelte sich IOFGA in Bezug auf die Inspektionen von der *Soil Association* ab und gründete den so genannten *Symbol Review Body* (SRB) (vgl. MOORE, O., 2003, S. 8; vgl. MOORE, O., 2004, S. 26). Im Jahre 1989 wurde aus dem SRB das *Irish Organic Inspectorate* (IOI) (vgl. MOORE, O., 2003, S. 8). SRB und IOI waren beide sowohl von der *Soil Association* als auch von IOFGA unabhängig (vgl. MOORE, O., 2003, S. 8; vgl. MOORE, O., 2004, S. 26); „the most important change is that the SRB is to operate independently from IOFGA with its own rules and decision-making process" (MOORE, O., 2003, S. 8).

Der kommerzielle Verkauf von Ökoprodukten und die damit verbundene finanzielle Absicherung gewannen in diesem Zeitraum für immer mehr Ökolandwirte und –gärtner an Bedeutung (vgl. WILLER, H., 1992, S. 103). Als Beispiel seien Ökogärtner im Umland von Dublin zu nennen, die verstärkt Supermärkte belieferten (vgl. ebenda, S. 103). Diese Entwicklung wurde aber nicht von allen Ökolandwirten und –gärtnern freudig begrüßt (vgl. ebenda, S. 103). Viele waren der Ansicht, dass Ökolandwirte keine Supermärkte beliefern sollten; „organic producers should not sell to supermarkets" (zitiert in ebenda, S. 103). Aufgrund dessen kam es innerhalb des Verbandes vermehrt zu Konflikten, die bis zum Ende der 1980er Jahre andauerten und die „1990 zu einem offenen Eklat im Vorstand des Verbandes und fast zur Funktionsunfähigkeit des Vorstandes führten" (ebenda, S. 103). Der Vorsitzende des Verbandes führte diese Konflikte „z. T. auf die inhomogene Struktur der Mitgliedschaft des Anbauverbandes (small farmers, big farmers, bulk producers, on farm processors, hobby farmers, wholesalers, castleowners, processors, packers, consumers, researchers)" (ebenda, S. 103) zurück. WILLER, H. fasst diese Konflikte in ihrer Doktorarbeit (1992, S. 103) folgendermaßen zusammen: „Ökologischer Fundamentalismus gegen ökonomischen Pragmatismus, (irischer) Nationalismus, der sich teilweise gegen die ausländischen Mitglieder des Verbandes richtet, großbäuerliche gegen kleinbäuerliche / gärtnerische Landbewirtschaftung". In diesen ganzen Konflikten innerhalb des Anbauverbandes spiegelt sich „die Geschichte des irischen Ökolandbaus als Teil der Ökologiebewegung" (ebenda, S. 103) wider. Das Ziel der Ökolandwirte aus den vorangegangenen Jahrzehnten, die eine ganzheitliche Lebensweise anstrebten, schien anderen Ökolandwirten nun nicht mehr erstrebenswert.

Diese legten nun mehr Wert auf den kommerziellen Verkauf ihrer Produkte (vgl. ebenda, S. 103). Innerhalb des Verbandes und der Ökologiebewegung könnte daher von einer Spaltung in einen Realo - und einen Fundi – Flügel gesprochen werden (vgl. MOORE, O., 2003, S. 17; WILLER, H., 1992, S. 103). Die Anhänger des Realo – Flügels, überwiegend Vollzeitgärtner und –landwirte, verfolgten mehr und mehr *kommerzielle* und teilweise auch *agrarpolitische* Zwecke (vgl. MOORE, O., 2003, S. 17; vgl. WILLER, H., 1992, S. 103). Sie betonten, dass es nicht Sinn und Zweck des Verbandes sei, die Romantik zurück auf das Land zu bringen (vgl. WILLER, H., 1992, S. 103). Auf der anderen Seite waren die Anhänger des Fundi – Flügels bestrebt, IOFGA als Organ einer *sozialen* Bewegung, die einen alternativen Lebensstil verfolgt, zu etablieren (vgl. MOORE, O., 2003, S. 17). MOORE, O. (2003, S. 17) weist aber darauf hin, dass die Grenzen zwischen Realos und Fundis oftmals nicht so leicht zu ziehen waren. So gab es auf Seiten der Realos durchaus Gegner der staatlichen Subventionen, die wiederum von Teilen des Fundi – Flügels akzeptiert wurden (ebenda, S. 17). Diese Konflikte wurden 1990 noch verstärkt, da der Anbauverband in diesem Jahr erstmals finanzielle Unterstützung durch die irische Regierung erhielt (vgl. WILLER, H., 1992, S. 103; vgl. TOVEY, H., 1999, S. 39). Diese finanzielle Förderung ermöglichte den Aufbau einer Geschäftsstelle in Dublin (vgl. WILLER, H., 1992, S. 103; vgl. TOVEY, H., 1999, S. 40). Darüber hinaus wurde auch im Landwirt-schaftsministerium eine Abteilung für ökologischen Landbau eingerichtet (vgl. WILLER, H., 1992, S. 103). Außerdem wurde 1990 „ein landwirtschaftlicher Versuchsbetrieb in Johnstown Castle, eine landwirtschaftliche Forschungsanstalt, auf die ökologische Wirtschaftsweise umgestellt" (ebenda, S. 103).

Abschließend lässt sich sagen, dass der ökologische Landbau in Irland in den 1980er Jahren und zu Beginn der 1990er Jahre mehr und mehr in das Interesse der Politik rückte und sich somit auch eine *politische* Dimension der Bewegung abzeichnete (vgl. TOVEY, H., 1999, S. 38), die aber oftmals in Konflikte mit dem immer noch existierenden *sozialen* Teil der Bewegung geriet (vgl. ebenda, S. 38). Auch die Öffentlichkeit wurde zunehmend über ökologischen Landbau und IOFGA in lokalen, regionalen und nationalen Zeitschriften und Zeitungen informiert (vgl. MOORE, O., 2003, S. 7).

6.1.4 Das „Auseinanderbrechen" der Bewegung

1991 kulminierten die Konflikte innerhalb der IOFGA und die zwischen dem Verband und dem IOI und führten zu einem „Auseinanderbrechen" des Repräsentativorgans der Bewegung (vgl. TOVEY, H., 1997, S. 25; vgl. MOORE, O., 2003, S. 8; vgl. MOORE, O., 2004, S.25). Infolgedessen wurde ein weiterer Anbauverband gegründet: *Organic Trust* (OT). Für diejenigen Mitglieder, die bei IOFGA blieben, war vor allem der Konflikt mit dem IOI ausschlaggebend, da überwiegend Inspektoren mit kommerziellem Interesse die Kontrollen durchführten (vgl. MOORE, O., 2003, S. 8f.). Obwohl IOFGA heutzutage immer noch für einen alternativen Lebensstil steht (vgl. MOORE, O., 2004, S. 10), wird innerhalb des Anbauverbandes versucht, sich nicht alleine darauf zu fokussieren (vgl. MOORE, O., 2003. S. 9). Nun erfolgt mehr und mehr eine Orientierung in Richtung des kommerziellen Gartenbaus, der kommerziellen Landwirtschaft und auch des Lobbyismus (vgl. ebenda, S. 9). IOFGA ist der offizielle, staatlich anerkannte ökologische Anbauverband, der für immer mehr Landwirte und Gärtner interessant wird, die ökologischen Landbau nicht zwingend aus weltanschaulichen Gründen betreiben (vgl. MOORE, O., 2004, S. 10f.). Die Gründungsmitglieder von OT befürchteten, dass zunehmend unqualifizierte Inspektoren, die über keinerlei praktische Erfahrung verfügen, Kontrollen durchführen könnten (vgl. MOORE, O., 2003, S. 9). Darüber hinaus lehnten sie das verstärkte Interesse der EU und der irischen Regierung am ökologischen Landbau ab, da dadurch Regulierungen gelockert wurden (vgl. ebenda, S. 9). Auch heutzutage werden die IOFGA - Regulierungen und Methoden von Mitgliedern von OT als nicht streng genug angesehen, um als „certified organic" (MOORE, O., 2004, S. 11) zu gelten. Obwohl OT die größten Landwirte, Gärtner und Importeure des ökologischen Sektors in Irland repräsentiert und rund 80 % der produzierten Waren zertifiziert, konnte der Verband bislang keine staatliche Anerkennung erlangen (vgl. ebenda, S. 11). Im Jahre 1991 wurde noch ein weiterer Verband in Irland gegründet: die *Bio-Dynamic Agricultural Association of Ireland* (BDAAI), der Interessenverband der biologisch-dynamischen Landwirtschaft (vgl. MOORE, O., 2003, S. 9; vgl. GIBNEY, N., 1998, S. 174). Ihre Aufgabe besteht darin, die Einhaltung der internationalen *Demeter* - Richtlinien zu kontrollieren (vgl. GIBNEY, N., 1998, S. 174).

6.2 Die gegenwärtige Situation

Nachdem Irland 1973 der Europäischen Wirtschaftsgemeinschaft beitrat, profitierte die irische Landwirtschaft in hohem Maße von der Gemeinsamen Agrarpolitik (vgl. DAFRD, 2002, S. 17). Intensivierung und Spezialisierung waren die Folge. Enorme Produktivitätssteigerungen und ein vermehrter Einsatz intensiver landwirtschaftlicher Methoden resultierten daraus (vgl. ebenda, S. 17, Aussagen der Experten Nr. 4 und 6). Trotz allem basieren heutzutage die dominierenden Tierhaltungssysteme der Rind- und Lammfleischproduktion sowie der Milchwirtschaft auf extensiver Graslandwirtschaft (vgl. DAFRD, 2002, S. 17). Die industrielle Landwirtschaft macht nur einen kleinen Teil der irischen Landwirtschaft aus. Obwohl in der heutigen Zeit das Bild der „grünen Insel" auch in Bezug auf die landwirtschaftlichen Methoden zu stimmen scheint, nimmt der ökologische Landbau nur einen geringen Sektor innerhalb der landwirtschaftlichen Produktion und im Lebensmittelmarkt ein (vgl. ebenda, S. 17). Anfang und Mitte der 1990er Jahre stieg die Zahl der ökologisch wirtschaftenden Betriebe und der ökologisch bewirtschafteten Fläche sowohl in Europa als auch in Irland stark an, was auf die Einführung des Agrarumweltprogramms der Europäischen Union [EG-Verordnung 2078/92] zurückzuführen ist (vgl. TOVEY, H., 1997, S. 25; GIBNEY, N., 1998, S. 171; vgl. LAMPKIN, N., 1998, S. 16; vgl. LAMPKIN, N. et al., 2001, S. 391). In Irland wird dieses Agrarumweltprogramm durch das *Rural Environment Protection Scheme* (REPS; *Programm zum Schutz der ländlichen Umwelt*) umgesetzt [s. Kapitel 6.2.1.1] (vgl. GIBNEY, N., 1998, S. 171; vgl. TOVEY, H., 1999, S. 40). 1990 gab es in Irland nur 97 ökologische Erzeuger, die zusammen 3.700 Hektar Land ökologisch bewirtschafteten (vgl. GIBNEY, N., 1998, S. 171), heutzutage sind es um die 1.000 Ökolandwirte (vgl. DAF, 2003, S. 2). 2003 wurde im Auftrag des irischen Landwirtschaftsministeriums eine Befragung unter den Ökolandwirten durchgeführt, welche die erste Untersuchung dieser Art von Seiten der irischen Politik war (vgl. ebenda, S. 1). Resultat dieser Befragung war eine vollständige Auflistung der Anzahl der Ökolandwirte, der Betriebsgrößenstruktur, der Betriebsform [Tierhaltung, Pflanzenbau] etc. Die Daten basieren auf dem Stand bis zum 31.12.2002 (vgl. ebenda, S. 1). Ende 2002 gab es 923 registrierte Ökolandwirte in Irland, von denen 747 vollständig ökologisch anerkannt waren. Die restlichen 176 befanden sich in der Konvertierungsphase (vgl. ebenda, S. 2). Es wirtschaften durchaus noch mehr Privatleute nach ökologischen Prinzipien. Sie sind jedoch keine offiziellen Mitglieder eines Anbauverbandes und tauchen daher nicht in den Statistiken auf (Aussage des Experten Nr. 6). Die meisten Ökobetriebe befanden sich 2002 im Süden und Westen von Irland (vgl. DAF, 2003, S. 2) und hier vor allem in den Counties Cork, Clare, Limerick und Galway [s. Anhang] (vgl. ebenda, S. 22). Mit Ausnahme von Cork zählen diese Counties zu den benachteiligten Gebieten mit schlechten Böden, so dass dort hauptsächlich extensive Graslandwirtschaft vorherrscht (vgl. LAFFERTY, S. et al., 1999, S. 11). Hinzu kommt, dass das Land in diesen Gegenden noch verhältnismäßig günstig zu erwerben ist (Aussage des Experten Nr. 4). Laut Experte Nr. 1 sind die ökologischen Betriebe nicht im direkten Umland von Städten, besonders nicht um Dublin, zu finden, da dort die Bodenpreise zu hoch sind und die Flächen weitgehend als Bauland oder für Industriegelände genutzt werden (Aussagen der Experten Nr. 5 und 6). Die Ökobetriebe befinden sich eher in einem größeren Einzugsgebiet von Städten, so dass durchaus die Möglichkeit besteht, Produkte in den Städten auf Märkten zu verkaufen (Aussage des Experten Nr. 1). Insgesamt wurden 29.850 Hektar ökologisch bewirtschaftet (vgl. DAF, 2003, S. 2). Von diesen waren 23.432 Hektar bereits ökologisch zertifiziert und 6.418 Hektar befanden sich in der Umstellung auf ökologischen Landbau. Der Anteil der ökologisch bewirtschafteten Flächen entsprach 0,7 % der landwirtschaftlichen Nutzfläche[70] (vgl. ebenda, S. 2). In den 1970er Jahren stellten vor allem Kleinbetriebe mit Gemüsebau auf ökologischen Landbau um „und noch bis Ende der achtziger Jahre [des 20. Jahrhunderts] war die Hälfte der Biobetriebe auf Gemüsebau spezialisiert" (GIBNEY, N., 1998, S. 171). Heutzutage steigt das Interesse von Viehhaltungsbetrieben am ökologischen Landbau (vgl. ebenda, S. 171; Aussage des Experten Nr. 1). Diese Entwicklung ist hauptsächlich auf die Einführung des REPS zurückzuführen [s. Kapitel 6.2.1.1]. Bevor das REPS eingeführt wurde, gab es kein ökologisch produziertes Rindfleisch in Irland (Aussage des Experten Nr. 6). Nur noch ein Prozent der heutigen Ökofläche entfällt auf den Gemüseanbau, wohingegen der Anteil des Grünlandes auf 95 % stieg (vgl. GIBNEY, N., 1998, S. 171). 90 % der anerkannten Betriebe sind Tierhaltungsbetriebe, von denen die meisten sowohl Rinder als auch Schafe halten (vgl. ebenda, S. 172). So gab es 2002 577 ökologische Betriebe, die Rinder hielten und 286 ökologische Betriebe mit Schafhaltung (vgl. DAF, 2003, S. 2). Die durchschnittliche Farmgröße der Rinder- und Schafhaltungsbetriebe betrug Ende 2002 35 Hektar (vgl. ebenda, S. 17). Die Haltung von Hühnern, Ziegen und Schweinen nahm nur eine

---

[70] Die landwirtschaftliche Nutzfläche beträgt nach Angaben des Central Statistics Office 4,4 Millionen Hektar (zitiert in: DAF, 2003, S. 2)

untergeordnete Rolle ein. 2002 existierten 64 ökologische Betriebe mit Legehennenhaltung, 34 Ökobetriebe mit Ziegen und nur 25 Ökobetriebe, die Schweine hielten. Der ökologische Pflanzenbau machte ebenfalls nur einen kleinen Teil aus. 2002 bauten 77 Betriebe ökologisches Gemüse, 40 ökologisches Getreide, 30 ökologische Kartoffeln und 22 ökologisches Obst an (vgl. ebenda, S. 2). Der Großteil der ökologischen Produkte in Irland wird importiert, da auf der einen Seite irische Verbraucher vor allem [zu 45 %] ökologisches Obst und Gemüse kaufen und auf der anderen Seite viele dieser Lebensmittel nicht oder nur sehr schlecht in Irland angebaut werden können (vgl. DAFRD, 2002, S. 17 und S. 23). Der Absatz von ökologischem Fleisch oder ökologischen Milchprodukten liegt mit 25 % bzw. 10 % weit dahinter (vgl. DAFRD, 2002, S. 17). Zwei Drittel der irischen Ökolandwirte erzeugen jedoch Rindfleisch und ein Viertel der Landwirte Lammfleisch. Eine Möglichkeit wäre der Export dieser Fleischprodukte in die restlichen europäischen Länder, weil dort die Produktion von ökologischem Obst, Gemüse, Getreide und ökologischer Milch überwiegt und ein Mangel an ökologischem Rinder- und Lammfleisch vorherrscht (vgl. ebenda, S. 17).

Die Zertifizierung der ökologischen Betriebe und deren Kontrolle nach den EG-Verordnungen 2092/91 und 1804/99 übernehmen IOFGA, OT und BDAAI (vgl. GIBNEY, N., 1998, S. 174; vgl. GIBNEY, N., 2000, S. 162f.). Von diesen stellt IOFGA[71] den Verband mit den meisten Mitgliedern, der „Betriebe nicht nur in der Republik, sondern auch in Nordirland" (GIBNEY, N., 1998, S. 173) betreut. Landwirte, Gärtner und auch Verarbeiter müssen bei einer dieser drei Organisationen registriert sein, um ein Produkt nach ökologischen Maßstäben zu produzieren und auch zu vermarkten (vgl. TEAGASC, 2004, S. 3). Im Gegensatz zu Deutschland gibt es in Irland kein staatliches Gütesiegel für Ökoprodukte (vgl. GIBNEY, N., 1998, S. 174). Ökoprodukte können anhand der Zeichen der zertifizierenden Anbauverbände erkannt werden [s. Abb. 2] (vgl. ebenda, S. 174). Der Wiedererkennungswert dieser drei Siegel ist bei den Verbrauchern jedoch sehr gering (vgl. DAFRD, 2002, S. 24). Die meisten Konsumenten sind eher mit dem Symbol der *Soil Association* vertraut (Aussage des Experten Nr. 2). Mittlerweile wurde der Begriff „organic" gesetzlich geschützt

---

[71] IOFGA unterteilt sich in „mehrere Regionalgruppen sowie Arbeitsgruppen zu den Themen Richtlinien, Veröffentlichungen, Zeitschrift, Ausbildung, Öffentlichkeitsarbeit, Forschung, Kontrolle und Zertifizierung" (vgl. GIBNEY, N., 1998, S. 173).

(Aussage des Experten Nr. 4). Weiterhin führte die Supermarktkette TESCO mit BIONA ein eigenes Label für Ökoprodukte ein (Aussage des Experten Nr. 1). Es erfolgten in der letzten Zeit Gespräche über die Einführung eines einheitlichen Ökosiegels, aber es gestaltete sich bislang sehr schwierig, Vertreter der drei Anbauverbände an einen Tisch zu bringen (Aussage des Experten Nr. 1). Tendenziell zeigt sich jedoch eine verstärkte Zusammenarbeit zwischen IOFGA und OT, vor allem hinsichtlich der Etablierung gemeinsamer irischer Standards (Aussage des Experten Nr. 5).

Abb. 2: Die Symbole von IOFGA, BDAAI und OT

Quelle. GIBNEY, N., 1998, S. 173

6.2.1 Staatliche Förderung des ökologischen Landbaus

Das Ziel der irischen Agrarpolitik hinsichtlich des ökologischen Landbau ist es, im Jahr 2006 einen Anteil von 3 % an der gesamten Landwirtschaft einzunehmen (vgl. DAF, 2002, S. 3; vgl. O'CONNEL, K., LYNCH, B., 2004, S. 5). Der irische Landwirt-schaftsminister Noel Tracy gründete im November 2000 das so genannte *Organic Development Committee*[72] (vgl. DAF, 2002, S. 3). Der Zweck dieses Komitees liegt in dem Entwickeln einer weitreichenden Strategie zum Ausbau des Ökologischen Sektors (vgl. ebenda, S. 3). 2002 wurde darüber hinaus von Noel Tracy ein nationaler Lenkungsausschuss für den ökologischen Sektor eingerichtet (vgl. O'CONNEL, K., LYNCH, B., 2004, S. 5). Zusätzlich wurde eine Expertenarbeitsgruppe als Untergruppe dieses Lenkungsausschusses formiert. Diese Expertenarbeitsgruppe hat die Aufgabe, bestimmte Themenfelder in der Beratung, der Aus- und Weiterbildung und der Forschung zu überwachen (vgl. ebenda, S. 5). Der ökologische Landbau wird seit Mitte der 1990er Jahre durch verschiedene staatliche Programme gefördert. Die wichtigste Fördermaßnahme ist das *Rural Environment Protection Scheme*. Trotz all dieser

---

[72] Das *Organic Development Committee* setzt sich aus Mitgliedern von 22 Organisationen zusammen (vgl. DAFRD, 2002, S. 3). Zu diesen Organisationen zählen die ökologischen und die konventionellen Anbauverbände, Organisationen der Lebensmittelverarbeitung und des Einzelhandels, einige halbstaatliche Einrichtungen, der Verbraucherverband und die Lebensmittelkontrollstelle (vgl. ebenda, S. 3).

Bemühungen unterstützt der irische Staat den ökologischen Landbau noch nicht ausreichend, da die Regierung ihn immer noch als einen Nischenmarkt betrachtet (Aussage des Experten Nr. 6).

6.2.1.1 Das Rural Environment Protection Scheme (REPS)

Das *Rural Environment Protection Scheme* (REPS; *Programm zum Schutz der ländlichen Umwelt*) setzt seit 1994 die EG-Verordnung 2078/92 um (vgl. GIBNEY, N., 1998, S. 174; vgl. TOVEY, H., 1999, S. 40). Es stellt ein freiwilliges Förderprogramm sowohl für konventionelle als auch ökologische Landwirte dar (vgl. DAFRD, 2002, S. 18). Wichtige Zielsetzungen sind (GIBNEY, N., 1998, S. 174; vgl. DAF, o. J., S. 2; vgl. DAF, Rural Environment Protection Scheme – Basics and Contacts, o. J.):

1. „die Förderung landwirtschaftlicher Produktionsmethoden, die dem zunehmenden Bewusstsein für Umwelt- und Landschaftsschutz Rechnung tragen
2. der Schutz von Biotopen und gefährdeten Tier- und Pflanzenarten
3. die umweltfreundliche Erzeugung von qualitativ hochwertigen Lebensmitteln"

Ab einer Mindestanbaufläche von drei Hektar Land kann ein Landwirt REPS beantragen[73] (vgl. GIBNEY, N., 1998, S. 174; vgl. DAF, o. J., S. 2). Die Förderobergrenze betrug früher 40 Hektar (vgl. GIBNEY, N., 1998, S. 174). Heutzutage können sogar mehr als 55 Hektar bezuschusst werden (vgl. DAF, Rural Environment Protection Scheme – Basics and Contacts, o. J.; vgl. TEAGASC, 2004, S. 5). Landwirte, die REPS erhalten, sind verpflichtet, „die Flächen fünf Jahre nach den Anforderungen des Programms"[74] (GIBNEY, N., 1998, S. 175) zu bewirtschaften [s. Anhang] (vgl. DAF, o. J., S. 2; vgl. DAF, Rural Environment Protection Scheme – Basics and Contacts, o. J.). Darüber hinaus müssen die Landwirte einen auf ihre Farm zugeschnittenen agrarökologischen Plan erstellen, der von einer Planungsstelle vorbereitet und vom Landwirtschaftsministerium genehmigt wird (vgl. DAF, Rural Environment Protection Scheme – Basics and Contacts, o. J.). Parallel dazu muss jeder

---

[73] „Diese Mindestanbaufläche gilt [jedoch] nicht für Gartenbaubetriebe" (GIBNEY, N., 1998, S. 175).
[74] Zu den Anforderungen des REPS – Programms gehören u. a. der korrekte Einsatz von Düngemitteln, Änderungen oder Erweiterungen von Stallbauten, Futtermittel- oder Mülllagerplätzen und das Erstellen eines REPS – Plans (vgl. DAF, o. J., S. 3).

Landwirt einen vom Landwirtschaftsministerium genehmigten Planer einstellen (vgl. DAF, o. J., S. 2). Der Planer hat die Aufgabe, den Landwirt in Bezug auf die Anforderungen des REPS – Programms zu beraten (vgl. ebenda, S. 3). Die jährlichen Standardzahlungen im Rahmen des REPS – Programms betragen (vgl. DAF, Rural Environment Protection Scheme – Basics and Contacts, o. J.; vgl. TEAGASC, 2004, S. 5):

- 0 – 20 Hektar: 200 Euro je Hektar
- 20 – 40 Hektar: zusätzlich 175 Euro je Hektar
- 40 – 55 Hektar: zusätzlich 70 Euro je Hektar
- ab 55 Hektar: zusätzlich 10 Euro je Hektar

Darüber hinaus werden noch weitere Prämien für Ökobetriebe und Betriebe, die sich in der Umstellungsphase befinden, gezahlt [s. Anhang] (vgl. TEAGASC, 2004, S. 6). Zusätzlich erhalten Ökolandwirte finanzielle Unterstützung beim Aufbau von Vermarktungswegen (vgl. GIBNEY, N., 1998, S. 175). Mittlerweile ist die dritte Stufe des REPS - Programms in Kraft getreten (vgl. DAF, Rural Environment Protection Scheme – Basics and Contacts, o. J.). Die erste Stufe des REPS – Programms umfasste den Zeitraum von 1994 bis 1999. Ungefähr 45.500 Landwirte, etwa ein Drittel aller irischen Landwirte, nahmen an REPS 1 teil (vgl. ebenda). Rund 30 Prozent der landwirtschaftlichen Nutzfläche wurde unter den REPS – Richtlinien bewirtschaftet (vgl. ebenda; vgl. DAFRD, 2002, S. 17). Bis Juni 2005 wurden über 1,04 Milliarden Euro an Landwirte gezahlt, die am REPS 1 – Programm teilnehmen (vgl. DAF, Rural Environment Protection Scheme – Basics and Contacts, o. J.). Die Stufen zwei[75] und drei[76] des REPS – Programms erstrecken sich vom Jahr 2000 bis zum Jahr 2006. 24.576 Landwirte nehmen am REPS 2 – Programm teil und 19.907 Landwirte an REPS 3 [Stand Juni 2005]. Bislang wurden über 521 Millionen Euro an REPS 2 – Landwirte gezahlt und mehr als 129 Millionen Euro an REPS 3- Landwirte [Stand Juni 2005] (vgl.

---

[75] Das REPS 2 – Programm ist eine Umsetzung der EG – Verordnung 1257/1999 (vgl. DAFRD, 2002, S. 14). Diese Verordnung wiederum stellt eine Erweiterung der 1994 in Kraft getretenen EU – Agrarumweltmaßnahmen dar [EG – Verordnung 2078/92] (vgl. ebenda, S. 14). Das REPS 2 – Programm ist im Großen und Ganzen mit dem REPS 1 identisch (vgl. ebenda, S. 18).
[76] Die dritte Stufe des REPS unterscheidet sich in einigen Punkten von REPS 2 (vgl. TEAGASC, 2004, S. 6). Eine gravierende Neuerung ist die Möglichkeit, den Betrieb auch nur partiell umzustellen (vgl. ebenda, S. 6). Dies widerspricht jedoch dem Ideal des ökologischen Betriebes als Einheit (vgl. HERRMANN, G., PLAKOLM, G., 1993, S. 27).

ebenda). Insgesamt wurden im Rahmen der drei REPS – Programme seit 1994 fast 1,7 Milliarden Euro gezahlt (vgl. DAF, REPS Facts and Figures, 2005). Nach Schätzungen des irischen Landwirtschaftsministeriums werden bis Ende 2005 über 50.000 Landwirte an den drei REPS – Programmen teilnehmen (vgl. DAF, Rural Environment Protection Scheme – Basics and Contacts, o. J.). Das REPS – Programm wird zu 75 % von der EU und zu 25 % vom irischen Staatshaushalt finanziert (vgl. ebenda).

Dem REPS – Programm ist es zweifelsohne zu verdanken, dass die Zahl der Ökobetriebe und die Anzahl der ökologisch bewirtschafteten Fläche in den letzten Jahren anstiegen (vgl. DAFRD, 2002, S. 21). Trotzdem wird es von Ökolandwirten und Forschern kontrovers betrachtet (vgl. TOVEY, H., 1997, S. 34f.). Einige Anhänger des ökologischen Landbaus sind der Auffassung, dass die irische Regierung nicht wirklich am ökologischen Landbau interessiert sei (vgl. ebenda, S. 34). Weiterhin werden die Fördermittel, die Irland von der EU erhält, nur ausgegeben, um noch mehr Subventionen zu bekommen (vgl. TOVEY, H., 1997, S. 34; Aussagen der Experten Nr. 5 und 6). Die Umsetzung der GAP – Reform erfolgte erst zwei Jahre nach deren Beschluss (vgl. TOVEY, H., 1997, S. 34). Irland war somit das letzte Land Europas, das die Reformen der GAP vollzog (zitiert in ebenda, S. 34). Die meisten der Anforderungen des REPS beziehen sich auf den Erhalt von Habitaten und Biotopen. Ökologischer Landbau wird demzufolge von der Regierung hauptsächlich als eine weitere Landschaftsschutzmaßnahme angesehen und nicht als alternative landwirtschaftliche Methode, die qualitativ hochwertige Lebensmittel erzeugt (vgl. ebenda, S. 35). Darüber hinaus soll im Rahmen des REPS das traditionelle Landschaftsbild bewahrt werden (vgl. BUNDESFORSCHUNGSANSTALT FÜR LANDWIRTSCHAFT [FAL], 1999, S. 122). Daher werden auch für den Erhalt und die Anlage von Hecken und Steinmauern Fördermittel gezahlt. Diese Maßnahmen wurden vor allem wegen des wirtschaftlich bedeutsamen Tourismussektors in das REPS – Programm mit aufgenommen (vgl. ebenda, S. 122). Weiterhin gelten die Maßnahmen des REPS landesweit in Irland. Besondere Förderprogramme hinsichtlich regionaler Disparitäten werden gänzlich ausgelassen (vgl. LAMPKIN, N. et al., 1999 a, S. 285). Viele Landwirte, die während des letzten Jahrzehnts umgestellt hatten, sehen in dem REPS – Programm nur eine weitere zusätzliche Einnahmequelle (vgl. TOVEY, H., 1999, S. 47; vgl. MCMAHON, N., 2005, S. 105). Oftmals scheinen sie nicht bewusst ökologisch eingestellt zu sein, „they just continue to do what they have always done

[…] and they haven`t changed their thinking" (zitiert in TOVEY, H., 1999, S. 47). Laut dem Experten Nr. 6 essen manche dieser „neuen" Ökolandwirte selbst keine ökologischen Produkte und wissen häufig kaum, was ökologischer Landbau wirklich bedeutet (vgl. MCMAHON, N., 2005, S. 105). „Many people doubt how converted „new" organic farmers are" (Experte Nr. 6). Daher lehnen einige Ökolandwirte, die sich bewusst aus weltanschaulichen und ideellen Gründen für diese Art der Landwirtschaft entschieden haben, das REPS – Programm ab und nehmen nicht daran teil (vgl. MCMAHON, N., 2005, S. 105). Obwohl nun mehr und mehr Landwirte wegen des REPS – Programms ökologisch wirtschaften, scheint sich die Menge der ökologischen Lebensmittel nicht im selben Maße wie erwartet gesteigert zu haben (vgl. DAFRD, 2002, S. 21). Es gibt sogar Hinweise darauf, dass einige Landwirte lediglich die Mindeststandards hinsichtlich der ökologischen Bewirtschaftung einhalten. Viele der produzierten Güter, vor allem tierische Produkte, werden in den nicht-ökologischen Bereich verkauft und erreichen daher nie den Konsumenten als Produkt aus ökologischer Landwirtschaft. Hier besteht folglich Handlungsbedarf von Seiten der Regierung und der Anbauverbände. Trotz allem ist und bleibt das REPS – Programm ein wichtiger Anreiz für Landwirte auf den ökologischen Landbau umzustellen und diesen auch beizubehalten (vgl. ebenda, S. 21).

6.2.1.2 Scheme of Grant Aid for the Development of the Organic Sector

Im Rahmen des *National Development Plans*[77] ist es für ökologische Produzenten und Verarbeiter derzeit möglich, Subventionsbeihilfen für Ausstattungsmittel und Einrichtungen für die Produktion, Verpackung und Lagerung von Ökoprodukten zu erhalten (vgl. DAF, Scheme of Grant Aid for the Development of the Organic Sector, o. J.). Bei einer Investition in einen landwirtschaftlichen Betrieb („On-farm capital investment"), die mehr als 2.540 Euro beträgt, ist der Antragsteller berechtigt, 40 % Subventionsbeihilfe zu beantragen. Die maximale Subventionsbeihilfe liegt bei 50.790 Euro. Bei einer Investition im weiterverarbeitenden Gewerbe („Off-farm capital investment"), die ebenfalls 2.540 Euro übersteigt, wird eine 40 %ige

---

[77] Der *National Development Plan* (NPD) ist der umfassendste Investitionsplan, der je für Irland erstellt wurde (vgl. NATIONAL DEVELOPMENT PLAN, National Development Plan, o. J.). Im Zeitraum von 2000 – 2006 stehen im Rahmen des NPD über 52 Milliarden Euro öffentlicher und privater Investitionsgelder sowie Mittel aus dem EU - Fonds zur Verfügung. Der NPD beinhaltet erhebliche Investitionen im Gesundheitswesen, Sozialwohnungsbau, Bildungswesen und der Kinderbetreuung, im Straßenbau und im öffentlichen Verkehrswesen, in der ländlichen und regionalen Entwicklung, der Industrie, der Wasserver- und –entsorgung, (vgl. ebenda).

Subventionsbeihilfe bis höchstens 508.000 Euro gewährt (vgl. ebenda). Für den Zeitraum 2000 – 2006 wurde eine Zuteilung für dieses Programm von insgesamt 8,252 Milliarden Euro gewährt (vgl. DAF, 2002, S. 20). Das Programm wurde im Mai 2001 gestartet. Bis zum 29.06.2001 lagen bereits 69 Bewerbungen vor. Innerhalb des ersten Jahres wurden über 249.000 Euro an Subventionen gewilligt (vgl. ebenda, S. 20).

6.2.1.3 Weitere Förderprogramme

Zusätzlich zu dem *Scheme of Grant Aid for the Development of the Organic Sector* werden vom irischen Landwirtschaftsministerium weitere Subventionsbeihilfen gewährt (vgl. DAFRD, 2002, S. 18). Diese sind sowohl konventionellen als auch ökologischen Landwirten zugänglich. Weitere Unterstützungen werden von verschiedenen staatlichen Organisationen wie *Teagasc*[78], *Bord Bia*[79], *Bord Glas*[80], *Enterprise Ireland*[81] und *Shannon Development*[82] angeboten (vgl. ebenda).

---

[78] *Teagasc* ist die irische Entwicklungsbehörde für Landwirtschaft und Lebensmittel (vgl. TEAGASC, Irish Agriculture and Food Authority, Welcome to Teagasc, o. J.). Zu den Aufgaben zählen Forschung, Ausbildung und Beratung im Landwirtschafts- und Lebensmittelbereich (vgl. ebenda).
[79] *Bord Bia* ist die irische Lebensmittelbehörde (vgl. BORD BIA, Irish Food Board, 2004).
[80] *Bord Glas* ist ein Entwicklungsdienst für Gartenbau (*Horticultural Development Services*) (vgl. REACH SERVICES, Irish Public Service Portal, o. J.). Das Tätigkeitsfeld wurde am 1.07.2004 *Bord Bia* übertragen (vgl. ebenda).
[81] *Enterprise Ireland* ist eine staatliche Organisation, deren Zweck die Steigerung der Wettbewerbsfähigkeit der irischen Industrie darstellt (vgl. THE ASSOCIATION FOR TECHNOLOGY IMPLEMENTATION IN EUROPE, Enterprise Ireland, 2004).
[82] *Shannon Development* ist eine Einrichtung zur regionalen Entwicklung der Shannonregion (vgl. SHANNON DEVELOPMENT, Pioneering Regional Developments for the Knowledge Age, o. J.). Im Fokus der Organisation stehen die Identifikation mit der Region und das Überwinden von schwerwiegenden Problemen oder Hindernissen in dieser Region. Eine der Hauptaufgaben liegt in der Unterstützung von neu gegründeten oder bereits existierenden regionalen Firmen (vgl. ebenda).

63

6.2.2 Forschung, Ausbildung und Beratung

Der ökologische Landbau hat sich in Irland, im Gegensatz zu anderen europäischen Ländern, weitgehend ohne das Einwirken von Forschungs-, Ausbildungs- und Beratungsstellen weiterentwickelt (vgl. WDC, o. J., S. 39). In der weiteren Entwicklung und Ausbreitung des ökologischen Landbaus kommt diesen Stellen jedoch vermehrt Bedeutung zu (vgl. DAFRD, 2002, S. 24).

6.2.2.1 Forschung im Bereich Ökologischer Landbau

Teagasc, das *University College Cork* und einige lokale Colleges forschen in geringem Umfang im Bereich Ökologischer Landbau (vgl. WDC, o. J., S. 41). Ein bedeutender Teil der Forschung wird vom *Teagasc Centre* im *Johnstown Castle Research Centre*, dem *National Food Centre* und dem *Mellows College Athenry* realisiert. Einige Forschungsprojekte des *Teagasc Johnstown Castle Research Centres* werden derzeit von der EU kofinanziert. *Bord Bia* schloss vor kurzem einige Projekte hinsichtlich des Verhaltens von Konsumenten ab (vgl. ebenda, S. 41). Des Weiteren führt das *Organic Centre* in Rossinver, Co. Leitrim einige anwendungsrelevante Forschungen durch (vgl. ebenda, S. 41; vgl. GIBNEY, N., 1998, S. 177). An der Universität in Galway ist ab März 2006 ein dreijähriges Projekt zur statistischen Auswertung von Daten hinsichtlich des ökologischen Landbaus in Irland geplant.

6.2.2.2 Ausbildung und Lehre im Bereich Ökologischer Landbau

Folgende Organisationen und Institute bieten Weiterbildungskurse und / oder Ausbildungsmöglichkeiten im Bereich Ökologischer Landbau an (vgl. GIBNEY, N., 1998, S. 179; vgl. WDC, o. J., S. 44f.):

1. University College Dublin
2. Teagasc
3. Mountbellow Agricultural College
4. An t-Ionad Glas
5. Organic Centre
6. Sonairte: The National Ecology Centre
7. Institutes of Technology in Galway und Mayo

8. BDAAI

9. IOFGA

10. OT

11. Dromcollogher Community College

Des Weiteren werden noch Tages- und Wochenendkurse z. B. zum Thema REPS von einigen lokalen Gruppen oder Produzentengenossenschaften angeboten (vgl. WDC, o. J., S. 45). Die *Irish Seed Savers' Association* in Scarriff, Co. Clare bietet darüber hinaus Tages- und Wochenendkurse zum ökologischem Landbau im Allgemeinen und zur biologisch-dynamischen Wirtschaftsweise im Speziellen an.

6.2.2.3 Beratung im Bereich Ökologischer Landbau

In Irland mangelt es vor allem an der Beratung für Ökolandwirte und Weiterverarbeiter (vgl. GIBNEY, N., 1998, S. 178; vgl. WDC, o. J., S. 48). Der Experte Nr. 6 sprach ebenfalls davon, dass sich das Beratungswesen in Irland noch am Anfang befinde. Beratung erfolgt überwiegend vom *Organic Centre*, von *Teagasc* und den Ökoanbauverbänden (vgl. WDC, o. J., S. 48). Die Anbauverbände informieren obendrein in ihren jeweiligen Verbandsmagazinen[83] ihre Mitglieder über den ökologischen Landbau (vgl. GIBNEY, N., 1998, S. 173). Weiterhin gibt es noch einige private Berater, die den Ökolandwirten in Bezug auf spezifische Fragestellungen helfen (vgl. WDC, o. J., S. 48). Darüber hinaus bieten einige Betriebe so genannte „farm walks" an (Aussage des Experten Nr. 6). An diesen Besichtigungstagen können interessierte Besucher von den Farmern selbst mehr über den ökologischen Landbau erfahren.

---

[83] IOFGA: *Organic Matters*, BDAAI: *BDAAI – Newsletter*, OT: *Clover* (vgl. GIBNEY, N., 1998, S. 173).

6.2.3 Die ökologischen Landwirte in Irland

In der ökologischen Landwirtschaft waren 2002 laut der Umfrage des irischen Landwirtschaftsministeriums insgesamt 3.539 Menschen beschäftigt (vgl. DAF, 2003, S. 4).
777 Menschen arbeiteten als Vollzeitkräfte, 993 als Teilzeitkräfte und die restlichen
1.769 als Saisonarbeitskräfte (vgl. ebenda, S. 4). Die meisten der Ökolandwirte
wirtschafteten seit mehr als zwei Jahren ökologisch. 33 % von ihnen wirtschafteten
zwischen zwei und fünf Jahren ökologisch, 38 % von ihnen zwischen fünf und zehn
Jahren und 9 % sogar seit mehr als zehn Jahren (vgl. ebenda, S. 17). Darüber hinaus
nahmen die meisten der Ökolandwirte am REPS – Programm teil. Rund die Hälfte der
Ökolandwirte [53 %] besaß einen Zugang zum Internet und ein Viertel [26%] nutzte es,
um Geschäfte zu tätigen oder um spezielle Fragen bezüglich des ökologischen
Landbaus zu klären (vgl. ebenda, S. 18). 18 % der Ökolandwirte waren Mitglieder einer
Produzentengemeinschaft (vgl. ebenda, S. 19). Die Bedeutung der Produzenten-
gemeinschaften [Co-ops] wurde auch von den befragten Experten hervorgehoben. Sie
sind zwar oftmals nur auf lokalen oder regionalen Raum begrenzt, bieten den
Ökolandwirten jedoch die Möglichkeit, höhere Preise für ihre Produkte zu erzielen
(Aussagen der Experten Nr. 1, 5 und 7). Fleisch erzeugende Betriebe gründeten darüber
hinaus Co-ops, um die Schlachtung nach ökologischen Richtlinien zu erleichtern und
um die Vermarktungsmöglichkeiten der Fleischprodukte zu steigern (Aussage des
Experten Nr. 6). So gibt es z. B. die Shannon Co-op in West Clare (Aussage des
Experten Nr. 1), die North-West Growers Produzentengemeinschaft (Aussage des
Experten Nr. 4), die Leitrim Organic Farmers' Co-op und North-Organic Co-op, der
sowohl Ökolandwirte in der Republik Irland als auch in Nordirland angeschlossen sind
(Aussage des Experten Nr. 5). Laut den befragten Experten sind die meisten der
Ökolandwirte zwischen 30 und 50 Jahre alt und somit etwas jünger als der Durchschnitt
der konventionellen Landwirte (Aussagen der Experten Nr. 1, 2 und 5). Ein ähnlich
geringes Durchschnittsalter von Ökolandwirten wurde auch in Deutschland festgestellt
(vgl. BICHLER, B., 2003, S. 301). SCHRAMEK, J. (2005, S. 545) spricht davon, dass
vermehrt junge Landwirte bereit seien, auf den ökologischen Landbau umzustellen.
Einige der frühen Ökolandwirte, die bereits Anfang der 1970er Jahre ihre Betriebe
gründeten, sind nun um die 50 Jahre alt (Aussagen der Experten Nr. 2 und 5). Laut
Experte Nr. 2 sind die ältesten Ökolandwirte um die 70 Jahre alt. Auch heutzutage sind
immer noch Einwanderer unter den Ökolandwirten zu finden (Aussagen der Experten

Nr. 1, 2 und 4). Die meisten von ihnen stammen hauptsächlich aus England, Deutschland und Holland (Aussagen der Experten Nr. 1, 2, 4 und 5), einige weitere aus Kanada und Spanien (Aussage des Experten Nr. 2). Der Anteil der irischen Ökolandwirte nahm jedoch im letzten Jahrzehnt deutlich zu und überwiegt nun den Anteil, welchen Einwanderer ausmachen (Aussagen der Experten Nr. 1, 4, 5, 6 und 7; vgl. TOVEY, H., 1997, S. 25). Dies ist vor allem auf das REPS zurückzuführen (Aussage des Experten Nr. 6). Im Co. Leitrim, das in den 1970ern und 1980ern aufgrund der niedrigen Bodenpreise eine große Anziehung auf Auswanderer ausübte, sind mittlerweile rund 70 % der Ökolandwirte Iren (Aussage des Experten Nr. 5). Nur noch ca. 30 % der dortigen Ökolandwirte stammen ursprünglich aus Deutschland, England oder Holland (Aussage des Experten Nr. 5). Laut Experte Nr. 5 existieren die Farmen, die vor 20 Jahren von den Einwanderern im Co. Leitrim gegründet wurden, immer noch. Heutzutage werden nicht mehr so viele Ökofarmen von Auswanderern gegründet, weil die Bodenpreise in den letzten zehn Jahren stark angestiegen sind (Aussage des Experten Nr. 1). Da laut Experte Nr. 1 heutzutage sehr viele kleine Familienbetriebe, hauptsächlich Milchviehbetriebe, umstellen, haben nun viel mehr Ökolandwirte als in den 1970er oder 1980er Jahren eine landwirtschaftliche Ausbildung oder zumindest einen landwirtschaftlichen Hintergrund (Aussagen der Experten Nr. 1, 2, 3, 4, 5, 6 und 7; vgl. TOVEY, H., 1997, S. 25). Die landwirtschaftliche Ausbildung wird jedoch größtenteils den irischen Ökolandwirten zugeschrieben (Aussagen der Experten Nr. 2, 5 und 6; vgl. TOVEY, H., 1997, S. 25). Darüber hinaus haben eher Farmer mit Tierhaltungsbetrieben eine landwirtschaftliche Ausbildung oder einen landwirtschaftlichen Hintergrund als solche, die Obst und Gemüse anbauen (Aussage des Experten Nr. 4). In den Counties Sligo, Leitrim und Donegal haben laut Experte Nr. 5 rund 60 % der Ökolandwirte einen landwirtschaftlichen Hintergrund. Die restlichen 40 % haben vor der Umstellung auf den ökologischen Landbau eine Tätigkeit außerhalb der Landwirtschaft ausgeübt und hatten somit keinerlei landwirtschaftliche Erfahrungen (Aussage des Experten Nr. 5). Laut den Experten Nr. 5 und 6 haben die meisten der Ökolandwirte eine verhältnismäßig hohe schulische Bildung und absolvierten das Abitur („leaving certification", Experte Nr. 5). Eine überdurchschnittlich gute Ausbildung wurde ebenfalls bei vielen Ökolandwirten in Deutschland beobachtet (vgl. BICHLER, B., 2003, S. 301).

6.2.4 Gründe für und gegen die Umstellung auf den ökologischen Landbau

Die Umstellungsgründe von Landwirten wurden zum einen, bezogen auf die gesamte Republik Irland, vom National Food Centre in Dublin (HOWLETT, B. et al., 2002) und zum anderen, bezogen auf den Westen der Republik Irland, von der Western Development Commission (vgl. WDC, o. J., S. 20f.) untersucht. Vor allem ökonomische und ökologische Gründe wurden genannt (vgl. HOWLETT, B. et al., 2002, S. 16f.; vgl. WDC, o. J., S. 20f.):

1. größere Einkommensmöglichkeiten
2. höhere Preise für die Produkte
3. die geringere Umweltverschmutzung
4. weniger Arbeit
5. Marktsicherheit
6. sichere und gesündere Lebensmittel

Die befragten Experten betonten ebenfalls die zunehmende Bedeutung ökonomischer Gründe im Hinblick auf die Umstellung (Aussagen der Experten Nr. 1, 2, 3, 5, 6 und 7). Hauptsächlich Milchvieh- und Fleisch produzierende Betriebe scheinen ökologischen Landbau aus ökonomischen Gründen zu betreiben (Aussagen der Experten Nr. 1 und 4). Ein Anreiz auf die Umstellung könnte die Vereinbarkeit mit den bereits extensiven Wirtschaftsstrukturen sein. So werden Schafe von konventionellen als auch von ökologischen Betrieben extensiv gehalten. Die Schafhaltung könnte daher generell als „ökologisch" bezeichnet werden (Aussagen der Experten Nr. 2, 3 und 6). Ein weiterer Anreiz dürfte die Förderung durch das REPS sein (vgl. WDC, o. J., S. 20). Die Möglichkeit, mit ökologischen Produkten höhere Preise zu erzielen, wurde ebenfalls erwähnt (Aussage des Experten Nr. 6). Eine Aufspaltung innerhalb des ökologischen Landbaus konnte beobachtet werden: auf der einen Seite Landwirte, die aus ökonomischen Gründen auf den ökologischen Landbau umgestiegen sind und auf der anderen Seite noch etliche, die ihn bewusst aus ökologischen Motiven oder aufgrund einer bestimmten Weltanschauung betreiben (Aussage des Experten Nr. 3; vgl. MOORE, O., 2004, S. 10). Viele Ökolandwirte, überwiegend solche, die biologisch-dynamisch wirtschaften, werden von keinem Anbauverband zertifiziert (Aussage des

Experten Nr. 6). Daher werden sie von Experte Nr. 6 als „post-organic farmers"
bezeichnet. Laut Experte Nr. 5 wird vieles, was früher unter konventionellen
Bedingungen produziert wurde, nun unter ökologischen Bedingungen hergestellt.

Die Ergebnisse decken sich weitgehend mit Resultaten weiterer Untersuchungen in
anderen europäischen Ländern. SCHRAMEK, J. und SCHNAUT, G. (2004) betonen
ebenfalls in ihren Forschungsergebnissen die zunehmende Bedeutung wirtschaftlicher
Gründe für die Umstellung auf den ökologischen Landbau (vgl. ebenda, S. 45; vgl.
HOLLENBERG, K. et al., 1999, S. 335). Viele konventionelle Landwirte, die umstel-
lungsbereit waren, gaben darüber hinaus die Vereinbarkeit mit den bestehenden
Betriebsstrukturen an, da sie bereits größtenteils extensiv wirtschafteten (vgl.
SCHRAMEK, J., SCHNAUT, G., 2004, S. 45). KOESLING, M. et al. (2005) führten
ähnliche Untersuchungen in Norwegen durch. Auch sie stellten fest, dass heutzutage
ökologischer Landbau größtenteils aus wirtschaftlichen Gründen betrieben wird. Im
Gegensatz zu früheren Jahrzehnten wird ökologischer Landbau in Norwegen immer
seltener aus bewusster Überzeugung und weltanschaulichen Beweggründen betrieben
(vgl. ebenda, S. 555). KILCHSPERGER, R. und SCHMID, O. (2005) leiteten Ende
2004 eine Gesprächsrunde in der Schweiz, an der rund 50 Personen aus der
Ökobewegung teilnahmen. Die anwesenden Ökobauern betrieben aus Grund-
überzeugung und „auch mit viel Freude" (ebenda, S. 12; vgl. TOVEY, H., 1997, S. 26)
ökologischen Landbau. Weitere wichtige Gründe für sie waren die Gesundheit des
Ökosystems, faire Handelsbeziehungen und das Erzeugen von gesunden Lebensmitteln
ohne Rückstände (vgl. KILCHSPERGER, R., SCHMID, O., 2005, S. 12f.). BICHLER,
B. (2003, S. 301) nennt als weiteren Umstellungsgrund die Persönlichkeit des
Betriebsleiters und dessen Wunsch, einen Beitrag zum Umweltschutz zu leisten.

Konventionelle Landwirte, die mit dem Gedanken spielen auf den ökologischen Landbau umzustellen, haben jedoch auch verschiedene Bedenken (vgl. DAFRD, 2002, S. 23f.; vgl. HOWLETT, B. et al., 2002, S. 17):

1. Obwohl durch das REPS die Umstellungszeit[84] gefördert wird, stellt der Umstellungsprozess oftmals ein Problem für die konventionellen Landwirte dar.
2. geringe Rentabilität
3. Mangel an Verkaufsmöglichkeiten und ein inadäquates Marketing von Ökoprodukten
4. Krankheitskontrolle in der Tierhaltung
5. hohe Kapitalinvestitionen, um Tierhaltungssysteme den ökologischen Richtlinien anzupassen
6. Mangel an Stroh
7. Bodenfruchtbarkeit
8. Futtermittelversorgung
9. Verkaufsmöglichkeiten für die Produkte
10. geringe Erträge
11. hohe Kosten
12. geringe Informationsmöglichkeiten über ökologischen Landbau
13. Beikrautproblematik

Diese Hinderungsgründe konventioneller Landwirte bezüglich der Umstellung auf den ökologischen Landbau decken sich weitgehend mit den Motiven ökologischer Landwirte, diese Wirtschaftsweise wieder aufzugeben. In Österreich führten DARNHOFER, I. et al. (2005) eine Untersuchung hinsichtlich der Beweggründe für einen Ausstieg von Ökolandwirten aus dem österreichischen Agrarumweltprogramm ÖPUL[85] durch. Die ehemaligen Ökolandwirte bemängelten, dass das Zukaufkraftfutter zu teuer sei, dass es keinen Preiszuschlag für Ökoprodukte gebe, dass sich die Richtlinien zu oft ändern, es zu viele Biokontrollen gebe und die Aufzeichnungen zu aufwändig seien (vgl. ebenda, S. 468). SCHRAMEK, J. und SCHNAUT, G. (2004) führten eine ähnliche Untersuchung in Deutschland durch. Demnach sprechen für

---

[84] Die Umstellungszeit beträgt i. d. R. zwei Jahre (vgl. DAFRD, 2002, S. 23).
[85] Österreichisches Programm zur Förderung einer umweltgerechten, extensiven und den natürlichen Lebensraum schützenden Landwirtschaft (vgl. BUNDESMINISTERIUM FÜR LAND- UND FORSTWIRTSCHAFT, UMWELT UND WASSERWIRTSCHAFT, o. J., S. 5)

konventionelle Landwirte ein zu unsicherer Absatz, ein zu niedriger Preis für Ökoprodukte und die zunehmende Beikrautproblematik gegen eine Umstellung auf den ökologischen Landbau (vgl. SCHRAMEK, J., SCHNAUT, G., 2004, S. 44; vgl. HOLLENBERG, K. et al. 1999, S. 334). Des Weiteren befürchteten sie eine höhere Arbeitszeitbelastung aufgrund der Direktvermarktung und die zunehmende Bürokratisierung (vgl. SCHRAMEK, J., SCHNAUT, G., 2004, S. 44). Sie bemängelten ebenfalls das noch nicht ausgereifte Marketingkonzept für Ökoprodukte (vgl. ebenda, S. 46). Ferner können Probleme in der Tierhaltung ein Hindernis bei der Umstellung darstellen (vgl. SCHRAMEK, J., 2005, S. 544). Bei der potentiellen Umstellung auf ökologischen Gemüsebau scheinen vor allem Vermarktungsschwierigkeiten Probleme zu bereiten (vgl. KÖNIG, B., BOKELMANN, W., 2005, S. 549).

6.2.5 Probleme und Hindernisse rund um den ökologischen Landbau

Laut einer mündlichen Auskunft eines Mitarbeiters von *Atlantic Organics* in Rossinver, Co. Leitrim gibt es vor allem neun Probleme, denen sich der ökologische Landbau in Irland gegenüber sieht:

1. Mangelndes Interesse bzw. Wissen der Farmer über Marketing (vgl. DAFRD, 2002, S. 23). Daher sind sie abhängig von Supermarktketten und Shops. Anstatt dass die Landwirte von sich aus auf die Supermarktketten und Shops zu gehen, warten sie auf die Anrufe und Bestellungen dieser.
2. Eine schlechte Netzwerkbildung und Koordination zwischen den einzelnen Farmern sowie im gesamten ökologischen Sektor (vgl. DAFRD, 2002, S. 23).
3. Die schlechte Infrastruktur in Irland. So dauert es z. B. fünf Tage, um Lammfleisch von Leitrim nach Dublin zu transportieren.
4. Es gibt sehr viele Zwischenhändler in Irland, weswegen die Preise für Ökoprodukte sehr hoch sind[86].
5. Die Supermärkte in Irland und Großbritannien besitzen ein Vermarktungs-monopol und können daher die Preise bestimmen.
6. Viele Verbraucher sind sich nicht bewusst, was „ökologisch" („organic") bedeutet (vgl. DAFRD, 2002, S. 23; Aussagen der Experten Nr. 3 und 5). Sie

---

[86] Der reguläre Preisaufschlag für Ökoprodukte in Irland beträgt eigentlich durchschnittlich 25 % (vgl. TEAGASC, 2004, S. 34f.).

sehen Kühe und Schafe auf der Weide und nehmen an, dass sie ein „gutes"
Leben führen. Höchstens bei Obst und Gemüse sind sich die meisten irischen
Verbraucher dessen bewusst, was „ökologisch" bedeutet.[87]

7. Die Schweinefleischproduktion ist ökologisch kaum möglich, da Schweine in
   Irland und Großbritannien generell schlecht gehalten werden.
8. Der Verkauf von und nach Nordirland gestaltet sich aufgrund unterschiedlicher
   Gesetzeslagen sehr schwierig.
9. Der fehlende Markt für Ökoprodukte in Irland[88].

Aus diesen identifizierten Problemen lässt sich der Rückschluss ziehen, dass eine
Netzwerkbildung und bessere Koordination zwischen den einzelnen Ökofarmern von
großer Bedeutung ist. Wenn mehrere Ökofarmer sich zu Produzentengemeinschaften
zusammenschließen, könnten sie ihre Produkte besser vermarkten und so höhere Preise
erzielen. Weiterhin müssen die Ausbildungs- und Beratungsmöglichkeiten hinsichtlich
des Marketings verbessert werden.

Das irische Landwirtschaftsministerium nennt noch weitere Gründe (vgl. DAFRD,
2002, S. 23f.):

1. mangelnde Beratungs- und Ausbildungsmöglichkeiten
2. der hohe bürokratische Aufwand, der im Zusammenhang mit den Zertifi-
   zierungen und den REPS – Anträgen steht
3. der Mangel an Verkaufsmöglichkeiten
4. die nicht geschlossene ökologische Produktionskette in der Tierhaltung[89]

---

[87] Um die Verbraucher mit dem ökologischen Landbau vertraut zu machen, fand vom 7. – 13. November
2005 eine ökologische Woche statt, die von *Bord Bia* veranstaltet wurde und die die erste ihrer Art in
Irland war (Aussage des Experten Nr. 2; vgl. BORD BIA, Irish Food Board, Think Organic – National
Organic Week).
[88] Auch Experte Nr. 1 ist der Ansicht, dass der Markt für ökologische Lebensmittel in Irland noch nicht
sehr groß ist. Nur dort, wo Farmer von sich aus einen Markt und Vermarktungskonzepte aufbauen, ist er
groß (Aussage des Experten Nr. 1). Andere Quellen sprechen jedoch von einem wachsenden Markt für
ökologische Produkte in Irland (vgl. DAFRD, 2002, S. 23, Aussage des Experten Nr. 4). Der Einfluss des
Marktes wird also kontrovers betrachtet. Das irische Landwirtschaftsministerium spricht jedoch selbst
davon, dass der Markt für Ökoprodukte in Irland aufgrund einer kleinen und bruchstückhaften
Versorgungsbasis noch gehemmt wird (vgl. DAFRD, 2002, S. 23).
[89] Tiere werden oftmals ökologisch aufgezogen, dann an konventionelle Landwirte verkauft, die sie bis
zur Schlachtreife mästen und anschließend zu konventionellen Preisen verkaufen (vgl. DAFRD, 2002, S.
23f.)

5. die aus Sicht der Verbraucher zu hohen Preise für Ökoprodukte (ebenfalls Aussagen der Experten Nr. 4 und 6)

6. die geringe Auswahl an Ökoprodukten (ebenfalls Aussage des Experten Nr. 3)

7. viele Ökoprodukte sind nicht das ganze Jahr über erhältlich

Die oben genannten Punkte wurden auch in einigen anderen Ländern als Probleme hinsichtlich des ökologischen Landbaus dargestellt. Schweizer Ökolandwirte befürchten ebenfalls eine zunehmende Abhängigkeit von Abnehmern aufgrund der derzeitigen wirtschaftlichen Entwicklung (vgl. KILCHSPERGER, R., SCHMID, O., 2005, S. 15). Diese führe außerdem „zu Zentralisierung, Forderung nach Effizienzsteigerung durch den globalen Handel, Preisdruck und immer grösseren [sic!] Handelsstrukturen" (ebenda, S. 15). Des Weiteren wurde die niedrige Zahlungsbereitschaft der Konsumenten als Problem identifiziert. Auch die weiten Transportdistanzen wurden als Hindernis genannt (vgl. ebenda, S. 15). Von den Schweizer Ökolandwirten wird darüber hinaus die fehlende Solidarität und Netzwerkbildung bemängelt. Ein gemeinsames Auftreten mit einer klaren Linie sei bislang kaum festzustellen (vgl. ebenda, S. 12). In Deutschland scheint es dem Ökosektor ebenfalls „an einer effizient arbeitenden Infrastruktur zur gemeinsamen politischen Interessensvertretung auf Bundes- und EU-Ebene" (STOLZE, M., 2002, S. 199) zu mangeln. Laut SCHRAMEK, J. und SCHNAUT, G. (2004, S. 46) sind die Vermarktungswege für Ökoprodukte in Deutschland noch nicht hinreichend ausgebaut. Bezüglich der Ausweitung des Ökosektors besteht also auch auf diesem Gebiet Handlungsbedarf. Eine mögliche Maßnahme wäre die stärkere Kooperation zwischen den einzelnen Anbauverbänden und Ökobetrieben, z. B. in der Vermarktung von Ökofleisch (vgl. ebenda, s. 46).

7 Diskussion und Schlussfolgerungen

Die regionale Verteilung der ökologischen Betriebe in Irland ist hauptsächlich auf *naturräumliche Gegebenheiten* und *historische Gründe* zurückzuführen. In den Pionier-jahren des ökologischen Landbaus in Irland (1936 – 1970), als die ersten anglo-irischen Landwirte auf die biologisch-dynamische Landwirtschaft umstellten, waren die meisten Ökobetriebe im Süden und Südwesten zu finden. Die ersten biologisch-dynamischen Landwirte waren Nachfahren des anglo-irischen Landadels und hatten daher große Ländereien auf den ertragreichsten Standorten im Süden und Südwesten Irlands geerbt. Ab 1970 änderte sich diese Situation und es wurden mehr und mehr Betriebe in benachteiligten Gebieten mit schlechten Böden im Westen und Nordwesten gegründet. Viele der Menschen, die in diesen Gegenden kleine Ökobetriebe gründeten, kamen aus dem Ausland. Sie siedelten sich im Westen und Nordwesten an, weil die Bodenpreise sehr erschwinglich waren. Auch heutzutage befinden sich die meisten Ökobetriebe im Westen und Nordwesten Irlands. Die meisten der neueren Ökofarmen sind Tierhaltungsbetriebe, die in den benachteiligten Gebieten bereits extensiv wirtschaften und somit ihre Betriebsstruktur verhältnismäßig einfach den Bedingungen des ökologischen Landbaus anpassen können. Dieser Fakt deckt sich mit der Hypothese, dass ökologische Betriebe eher in benachteiligten Gebieten mit hohem Grünlandanteil zu finden sind (vgl. BICHLER, B., 2003, S. 301; vgl. DABBERT, S. et al., 2002, S. 17; vgl. BICHLER, B. et al., 2005, S. 52). Laut den befragten Experten sind die ökologischen Betriebe nicht im direkten Umfeld von Städten zu finden, weil dort die Preise für Land zu hoch sind. Bezüglich des Faktors der *räumlichen Nähe zu Städten* und deren Einfluss auf die Verteilung der ökologischen Betriebe können noch weitere statistische Untersuchungen durchgeführt werden. Im Rahmen dieser Arbeit erfolgte keine Untersuchung auf den möglichen Einfluss der *Nähe zur Verarbeitung*, wie z. B. Ökomühlen, Ökomolkereien und Ökoschlachthöfen. Hinsichtlich dieses Punktes ergibt sich folglich weiterer Forschungsbedarf. Der Einfluss von *Nachbarschaftseffekten* wurde nicht näher statistisch untersucht, jedoch scheinen sie anhand der im Literaturstudium gewonnen Erkenntnisse hauptsächlich in der Zeit von 1970 – 1980 eine Rolle zu spielen, als eine erste Netzwerkbildung stattfand. Auch in diesem Punkt ergibt sich weiterer Forschungsbedarf. Die Verteilung der ökologischen Betriebe in Irland scheint nicht auf *politische Maßnahmen* zurückzuführen zu sein, da im Rahmen des REPS keine besonderen Maßnahmen bezüglich der Förderung strukturschwacher

Regionen vorgesehen sind. In diesem Punkt unterscheidet sich die Ausgestaltung der EG – Verordnung 2078/92 zwischen Deutschland und Irland. Deutschland setzte diese im Rahmen der GAK um. Den einzelnen Bundesländern wurden darin Gestaltungsspielräume gestattet, die die Berücksichtigung länderspezifischer Aspekte ermöglichten (vgl. ANONYMUS, 2003, S. 132).

In Bezug auf die Förderung des ökologischen Landbaus durch das REPS – Programm sind einige Maßnahmen noch nicht ausgereift. Bereits existierende und umstellende Betriebe werden zwar gefördert, aber die Vermarktungsmöglichkeiten sind nicht im gleichen Maße ausgebaut worden. Bei den ökologischen Landwirten, die am REPS – Programm teilnehmen, fällt auf, dass viele Farmer, die Rind- oder Lammfleisch erzeugen, es zu konventionellen Preisen verkaufen. Diesbezüglich können weitere Untersuchungen durchgeführt werden, ob ein Markt für diese Erzeugnisse in Irland nicht vorhanden ist oder ob die Landwirte das REPS nur als eine zusätzliche Einnahmequelle ansehen, wie es auch von einigen befragten Experten beschrieben wurde. Falls der Markt für ökologisch erzeugte Rind- und Lammfleischerzeugnisse nicht vorhanden sein sollte, bestünde die Möglichkeit, das Fleisch in andere europäische Länder zu exportieren. Dies würde jedoch nur funktionieren, wenn sich mehrere Tierhaltungsbetriebe zusammenschließen und Produzentengemeinschaften gründeten, da solch ein Export mit hohen Vermarktungskosten verbunden ist.

Der irische Landwirtschaftsminister Noel Tracy formulierte hinsichtlich der weiteren Entwicklung des ökologischen Landbaus in Irland das Ziel, dass diese Wirtschaftsweise im Jahr 2006 einen Anteil von 3 % an der gesamten Landwirtschaft ausmachen soll. Es stellt sich die Frage, ob dieses Ziel überhaupt realisierbar ist und ob der Markt es überhaupt ermöglicht. In den letzten Jahren zeigte sich der Trend, dass viele ökologische Erzeugnisse, vor allem Fleischprodukte, entweder zu konventionellen Preisen oder in den nicht-ökologischen Sektor verkauft wurden (vgl. DAFRD, 2002, S. 21). Eine weitere Steigerung des Anteils des ökologischen Landbaus an der gesamten Landwirtschaft könnte diese Entwicklung noch verstärken.

Ein großes Problem besteht in Irland im mangelhaften Beratungs- und Ausbildungswesen. Die Umstellung auf den ökologischen Landbau und dessen Beibehaltung werden zwar von der Regierung durch das REPS gefördert, jedoch wird nicht im selben Maße der Ausbau der Ausbildungs- und Beratungsmöglichkeiten unterstützt. Bei Befragungen unter ökologischen Landwirten zeigte sich, dass viele von ihnen spezifische Probleme bei der Umsetzung der ökologischen Methoden in die Praxis haben. Diese Unsicherheit in Bezug auf die praktischen Methoden der ökologischen Landwirtschaft stellt auch einen Hinderungsgrund für konventionelle Landwirte hinsichtlich einer Umstellung auf den ökologischen Landbau dar. Den Ökolandwirten mangelt es darüber hinaus an ausreichenden Marketingkenntnissen, die im Rahmen der Ausbildung stärker berücksichtigt werden sollten. Diese Tendenzen zeigten sich beim Vergleich auch in anderen Ländern. Ein Ausbau des Ausbildungs- und Beratungswesens ist also dringend notwendig.

Aus der Perspektive *sozialer Bewegungen* treffen die in Kapitel 3.1 angesprochenen evolutionären Prozesse vollkommen auf den ökologischen Landbau in Irland zu. Farmer, die seit den späten 1930er Jahren biologisch-dynamisch wirtschafteten, stellten noch keine *soziale Bewegung* dar, da sie noch keine Netzwerke bildeten. Sie betrieben ökologischen Landbau jedoch bewusst aus *weltanschaulichen* Gründen, die einen weiteren Aspekt des ökologischen Landbaus offenbaren und aufzeigen, dass der ökologische Landbau mehr darstellt als eine reine landwirtschaftliche Alternative zu konventionellen Anbaumethoden. Der ökologische Landbau in Irland ist erst ab Mitte der 1970er Jahre als *soziale Bewegung* auszumachen, da in diesem Zeitraum Netzwerke gebildet wurden. Bei der Mehrheit der Ökolandwirte in diesem Zeitraum lässt sich eine gewisse *kollektive Identität* feststellen. So waren die meisten Auswanderer aus England, Deutschland und den Niederlanden, die bewusst eine Alternative zur urbanen Konsumgesellschaft in ihren Heimatländern suchten. Weiterhin zeichneten sie sich durch Zivilisationsmüdigkeit aus. Eine *Institutionalisierung* der Bewegung erfolgte mit der Gründung des ersten Anbauverbandes IOGA, aus der später IOFGA hervorging. Innerhalb der Bewegung kam es jedoch zu Interessenkonflikten, da der ökologische Landbau Ende der 1980er Jahre in das Blickfeld der Politik geriet. Diese eskalierten schließlich und führten zur Gründung von OT. Innerhalb der Struktur der Ökolandwirte in Irland kam es darüber hinaus in den letzten 15 Jahren zu gravierenden Veränderungen. Bis Anfang der 1990er Jahre waren es vor allem Auswanderer aus Deutschland, Holland und England, die Ökobetriebe in Irland gründeten. Seit Mitte der 1990er Jahre nahm der Anteil der irischen Ökolandwirte stetig zu. Mittlerweile sind weitaus mehr gebürtige Iren als Auswanderer unter den Ökolandwirten in Irland zu finden. Viele der neuen Ökolandwirte betreiben ökologischen Landbau hauptsächlich aus wirtschaftlichen Gründen und nicht mehr primär aus ideellen oder ökologischen Motiven. Diese Entwicklung wurde auch in anderen Ländern festgestellt. Von Seiten der Politik wurden die Richtlinien des ökologischen Landbaus stark herabgesetzt, um so den Zugang zum ökologischen Landbau zu vereinfachen. Es stellt sich die Frage, inwieweit dieser Trend Einfluss auf die Prinzipien des ökologischen Landbaus haben und ob die Bewegung des ökologischen Landbaus mit ihrem Idealen bestehen bleiben wird [„boundary maintenace" (vgl. HAGEDORN, K. et al., 2004, S. 16)]. Heutzutage steht die Bewegung vor dem Problem, dass es innerhalb des ökologischen Sektors kaum noch eine Netzwerkbildung gibt. Dies betrifft nicht nur Irland, sondern auch andere europäische Länder und die Bewegung in Europa insgesamt. Es ist jedoch besonders wichtig, dass innerhalb des ökologischen Sektors Netzwerke gebildet werden. Ein einheitliches Auftreten ist besonders im Hinblick auf die Vertretung der Interessen des ökologischen Landbaus gegenüber der Politik wichtig. Die Bewegung des ökologischen Landbaus kann sich den politischen Entwicklungen der letzten 15 Jahre nicht entziehen, sondern muss lernen, sie zu akzeptieren [„adaption capacity" (vgl. ebenda, S. 16)]. Diese Entwicklungen können auch zum eigenen Vorteil der Bewegung genutzt werden, wenn sie geschlossen auftritt, um ihre Interessen gegenüber der Politik durchzusetzen. Folglich ist der Aufbau von Lobbys von großer Bedeutung.

Zusammenfassend können folgende Schlussfolgerungen für den ökologischen Landbau in Irland und in Europa gezogen werden:

1. Ein einheitliches Auftreten und die Bildung von Netzwerken innerhalb des ökologischen Sektors sind besonders wichtig.
2. Der Kontakt zu Politikern muss intensiviert und die Lobbyarbeit ausgebaut werden.
3. Die Beratungs- und Ausbildungsmöglichkeiten müssen verbessert werden.
4. Die Forschung muss Praxis bezogener werden.
5. Die Ausgestaltungsmöglichkeiten der Förderung des ökologischen Landbaus müssen vor allem in Irland überarbeitet werden.
6. Die Vermarktungsmöglichkeiten für ökologische Produkte müssen verbessert werden.

8 Zusammenfassung und Summary

8.1 Zusammenfassung

Ökologischer Landbau wurde ab Mitte der 1920er Jahre von sozialen Bewegungen als Gegenmodell zur konventionellen Landwirtschaft und zur Agrarpolitik entwickelt und verbreitet. Zu Beginn der 1990er Jahre rückte der ökologische Landbau in das Interessenfeld der europäischen Agrarpolitik. Seit 1991 wird diese Bewirtschaftungsweise von der EU gesetzlich geregelt und bezuschusst. Aufgrund dieser Förderung und eines gesteigerten Wunsches der Verbraucher nach Ökoprodukten, steigt die Zahl der ökologisch bewirtschafteten Fläche und die Anzahl der Ökobetriebe in den europäischen Ländern seit Beginn der 1990er an. Ziel dieser Arbeit war es, diese Entwicklung des ökologischen Landbaus am Beispiel Irlands darzustellen und in den europäischen Kontext einzuordnen. Es wurde ein detaillierter Überblick über die historische Entstehung und Verbreitung dieser Wirtschaftsweise gegeben. Des Weiteren erfolgte eine umfangreiche Schilderung der gegenwärtigen Situation des ökologischen Landbaus in Irland. Die Datengrundlage bildete zum einen ein ausführliches Literaturstudium und zum anderen die Ergebnisse von sieben Experteninterviews. Die erste biologisch-dynamische Farm in Irland wurde 1936 gegründet. Ökologischer Landbau blieb bis zu Beginn der 1970er Jahre eine Randerscheinung. Hauptsächlich anglo-irische Großgrundbesitzer mit Verbindungen nach England gründeten in diesem Zeitraum biologisch-dynamische Betriebe. Zu Beginn der 1970er Jahre kamen verstärkt Auswanderer, vor allem Deutsche, Holländer und Engländer, nach Irland. Sie siedelten sich im Westen und Nordwesten des Landes an, wo die Bodenpreise niedrig waren und gründeten dort kleine Ökobetriebe. Die Auswanderer bildeten Netzwerke untereinander und sorgten so für eine weitere Verbreitung des Ökolandbaus. 1982 wurde mit *Irish Organic Growers' Association* (IOGA) der erste Anbauverband gegründet, der kurze Zeit später in *Irish Organic Farmers' and Growers' Association* (IOFGA) umbenannt wurde. In diesem Zeitraum begannen erste Ökolandwirte, ihre Produkte in Supermärkten zu verkaufen. Um das Jahr 1990 wurde die irische Regierung auf den ökologischen Landbau und IOFGA aufmerksam, was die schon bestehenden Spannungen innerhalb des Verbandes noch verstärkte und schließlich zu einem Austritt vieler Verbandsmitglieder führte. Diese gründeten 1991 *Organic Trust* (OT). Im selben Jahr wurde die *Bio-Dynamic Agricultural Associaton of Ireland* (BDAAI) gegründet.

IOFGA, OT und BDAAI übernehmen heutzutage die Zertifizierung und Kontrolle der ökologischen Betriebe in Irland. Seit 1994 fördert die irische Regierung auf Grundlage des *Rural Environment Protection Schemes* (REPS) und einigen weiteren Maßnahmen den Ökolandbau. Die Förderung des ökologischen Landbaus durch die irische Regierung ist jedoch noch nicht ganz ausgereift. Es mangelt vor allem an Forschungs-, Ausbildungs- und Beratungsstellen im Bereich Ökologischer Landbau. Seit Mitte der 1990er Jahre stiegen mehr und mehr Landwirte auf den ökologischen Landbau um, was überwiegend auf das REPS zurückzuführen sein dürfte. Heutzutage sind mehr gebürtige Iren als Auswanderer unter den ökologischen Landwirten in Irland zu finden. Darüber hinaus betreiben immer mehr Landwirte ökologischen Landbau aus ökonomischen Gründen denn aus ideellen Motiven. Der Forschung obliegt es, die zukünftige Entwicklung des ökologischen Landbaus zu begleiten und durch die wissenschaftliche Aufbereitung zu unterstützen, ein Anliegen, welches in einer weiterführenden Arbeit thematisiert werden sollte.

8.2 Summary

The paper deals with organic farming in Ireland. Organic farming was founded by social movements in the mid 1920s. This farming method was regarded as counter movement towards conventional farming and agricultural policies. At the beginning of the 1990s, organic farming became part of interest of European agricultural policies. Since 1991, organic farming is regulated and subsidised by the EU. The number of organic farms and the one of organic area is increasing since the beginning of the 1990s due to subsidies and to higher consumer demands. The aim of the paper was to describe this development by the example of Ireland and to put it into perspective of European developments. A detailed overview of the historical development and the spread of organic farming was given. Furthermore, a wide description of the current situation of organic farming in Ireland was carried out. The data is provided by literary sources and by results of seven key informant interviews. The first Irish bio-dynamic farm was founded in 1936. Organic farming was on the fringes until the beginning of the 1970s. From 1936 to 1970, mainly Anglo-Irish owners of large estates who had connections to England founded bio-dynamic farms. At the beginning of the 1970s, a lot of immigrants came to Ireland. Most of them were German, Dutch or English people. They settled down in the West and in the North West of Ireland where land was cheap. There they founded small organic farms. More over, they started to set up networks which let to a spread of organic farming ideas. In 1982 the first organic farming association was founded: *Irish Organic Growers' Association* (IOGA). Later it was redefined into *Irish Organic Farmers' and Growers' Association* (IOFGA). The first organic farmers started to sell their products in supermarkets in the 1980s. 1990ish the Irish government became aware of organic farming and IOFGA. The tensions within IOFGA were increased by this political interest. Many members of the association left IOFGA and founded *Organic Trust* (OT) in 1991. In the same year, the *Bio-Dynamic Agricultural Association of Ireland* (BDAAI) was founded. Nowadays, IOFGA, OT and BDAAI certify and control organic farms in Ireland. In 1994 the Irish government introduced the so called *Rural Environment Protection Scheme* (REPS). The REPS and a few other measurements are the base for subsidising organic farming in Ireland. Governmental subsidising for organic farming is not methodologically sound, yet. Training, research and consultancy in the organic sector are insufficient. Since the mid 1990s, more and more farmers converted to organic farming which might be due to the REPS. Today's organic farmers are mainly native-born Irish people; the number of immigrants who found organic farms decreased. In addition, most of the farmers practise organic farming for financial reasons and not on moral grounds. The future development of organic farming in Ireland and in Europe should be part of further research.

9 Literaturverzeichnis

9.1 Verwendete Literatur

ALSING, I., FLEISCHMANN, A., GUTHY, K., HECHLER, G., ROSSBAUER, G.,
SCHMAUNZ, F., RUHDEL, H.-J., SCHLAGHECKEN, J., SCHNEIDER-BÖTTCHER, I.
(Hrsg.), Lexikon Landwirtschaft, Eugen Ulmer GmbH & Co., Stuttgart – Hohenheim, 2002, 4.
Auflage

ALTNER, G., LEITSCHUH-FECHT, H., MICHELSEN, G., SIMONIS, U. E., VON
WEIZSÄCKER, E. U. (Hrsg.), Jahrbuch Ökologie, Berlin, 2004, http://www.jahrbuch-
oekologie.de, zugegriffen am 23.11.2005

ANONYMUS, Förderung des ökologischen Landbaus, in: STIFTUNG ÖKOLOGIE
UND LANDBAU (SÖL) (Hrsg.), Ökologie und Landbau, Jahrbuch Öko-Landbau 2003, Bad
Dürkheim, 2003, S. 132

ANONYMUS (Hrsg.), Organic Farming in Europe 2005: Market, Production, Policy
& Research, Background Information for the event „Organic Production in Europe: Market,
Production, Policy & Research", 2005

ANONYMUS a, http://www.zukunftsfaehig.de/nachhaltigkeit/john1.htm, zugegriffen
am 8.06.2005

ANONYMUS b, http://www.zukunftsfaehig.de/nachhaltigkeit/biographie.htm,
zugegriffen am 8.06.2005

ANONYMUS c, http://www.self-sufficiency.net/, zugegriffen am 8.06.2005

THE ASSOCIATION OF CAMPHILL COMMUNITIES IN GREAT BRITAIN,
Guide to Camphill Communities, Duffcarrig Village Community, Republic of Ireland, o. O.,
2004, http://www.camphill.org.uk/guide/duffcarg/ duffcarg.htm, zugegriffen am 3.06.2005

THE ASSOCIATION FOR TECHNOLOGY IMPLEMENTATION IN EUROPE,
Enterprise Ireland, Den Haag, 2004, http://www.taftie.org/Members /Members/Enterprise_
Ireland_-_Ireland.html, zugegriffen am 22.11.2005

BAEDEKER, Allianz Reiseführer, Irland, Verlag Karl Baedeker, Ostfildern, o. J

BICHLER, B. (2003), Die Bestimmungsgründe für die räumliche Struktur des
ökologischen Landbaus in Deutschland, in: FREYER, B. (Hrsg.), Beiträge zur 7.
Wissenschaftstagung zum ökologischen Landbau – Ökologischer Landbau der Zukunft, Wien,
2003, S. 301 – 304

BICHLER, B., HÄRING, A. M., LIPPERT, C. (2004), Die Bestimmungsgründe der
räumlichen Verteilung des ökologischen Landbaus in Deutschland, in: *Schriften der Gesellschaft
für Wirtschafts- und Sozialwissenschaften des Landbaus e.V.*, Band 39, 2004, S. 333 – 342

BICHLER, B.; LIPPERT, C., HÄRING, A. M., DABBERT, S., Die
Bestimmungsgründe der räumlichen Verteilung des ökologischen Landbaus in Deutschland, in:
BUNDESMINISTERIUM FÜR VERBRAUCHERSCHUTZ, ERNÄHRUNG UND
LANDWIRTSCHAFT (Hrsg.), *Berichte über Landwirtschaft*, Zeitschrift für Agrarpolitik und
Landwirtschaft, Band 83 (1), Kohlhammer, Stuttgart, 2005 a, S.50 – 75

BOGNER, A., LITTIG, B., MENZ, W. (Hrsg.), Das Experteninterview, Theorie,
Methode, Anwendung, Leske + Budrich, Opladen, 2002

BOGNER, A., MENZ, W., Expertenwissen und Forschungspraxis:
die modernisierungstheoretische und die methodische Debatten um die Experten. Zur Einführung
in ein unübersichtliches Problemfeld, in: BOGNER, A., LITTIG, B., MENZ, W. (Hrsg.), Das
Experteninterview, Theorie, Methode, Anwendung, Leske + Budrich, Opladen, 2002, S. 7 – 30

BORD BIA, Irish Food Board, Dublin, 2004, http://www.bordbia.ie/index.html,
zugegriffen am 11.11.2005

BORD BIA, Irish Food Board, Think Organic – National Organic Week,
http://www.bordbia.ie/consumers/About_Food/organic_food/organic-week.html, zugegriffen am
11.11.2005

BORTZ, J., Lehrbuch der empirischen Forschung für Sozialwissenschaftler, Springer –
Verlag, Berlin, 1984

BRAND, K.-W., BÜSSER, D., RUCHT, D., Aufbruch in eine andere Gesellschaft,
Neue soziale Bewegungen in der Bundesrepublik, Campus Verlag, Frankfurt/Main, 1986,
aktualisierte Neuausgabe

BRUGGER, E. M. (Hrsg.), BROCKHAUS – DIE BIBLIOTHEK, Länder und Städte,
Irland – Dublin, F. A. Brockhaus GmbH, Leipzig, Mannheim, 1997

BUNDESFORSCHUNGSANSTALT FÜR LANDWIRTSCHAFT (FAL) (Hrsg.), Vergleichende Analyse der Ausgestaltung und Inanspruchnahme der Agrarumweltprogramme zur Umsetzung der VO (EWG) 2078/92 in ausgewählten Mitgliedsstaaten der EU, Landbauforschung Völkenrode, Sonderheft 195 (1999), Selbstverlag der Bundesforschungsanstalt für Landwirtschaft (FAL), Braunschweig, 1999

BUNDESMINISTERIUM FÜR LAND- UND FORSTWIRTSCHAFT, UMWELT UND WASSERWIRTSCHAFT (Hrsg.), ÖPUL, Das österreichische Umweltprogramm, Information, Wien, o. J.

BUNDESMINISTERIUM FÜR VERBRAUCHERSCHUTZ, ERNÄHRUNG UND LANDWIRTSCHAFT (Hrsg.), *Berichte über Landwirtschaft*, Zeitschrift für Agrarpolitik und Landwirtschaft, Band 83 (1), Kohlhammer, Stuttgart, 2005

BUNDESMINISTERIUM FÜR VERBRAUCHERSCHUTZ, ERNÄHRUNG UND LANDWIRTSCHAFT, Berlin, o. J., http://www.bmvel.de/, zugegriffen am 4.11.2005

CORCORAN, M. P., PEILLON, M. (Hrsg.), *Irish Sociological Chronicles*, Volume 3 (1999 – 2000): Ireland unbound, A turn of the century chronicle, Future Print, Dublin, 2002

COWAN, C., CONNOLLY, L., RYAN, J., MCINTYRE, B., MEEHAN, H., MAHON, D., HOWLETT, B., Feasibility of Conversion Grade Products, Ireland, Dublin, 2004

DABBERT, S., Der Öko-Landbau als Objekt der Politik, in: REENTS, H.-J. (Hrsg.), Beiträge zur 6. Wissenschaftstagung zum Ökologischen Landbau, Von Leit-Bildern zu Leit-Linien, Verlag Dr. Köster, Berlin, 2001, S. 39 – 43

DABBERT, S., HÄRING, A. M., ZANOLI, R., Politik für den Öko-Landbau, Verlag Eugen Ulmer, Stuttgart – Hohenheim, 2002

DARNHOFER, I., EDER, M., SCHMID, J:, SCHNEEBERGER, W., Ausstieg aus der ÖPUL-Maßnahme biologische Wirtschaftsweise, in: HESS, J. und RAHMANN, G., (Hrsg.) Ende der Nische, Beiträge zur 8. Wissenschaftstagung Ökologischer Landbau, Kassel University Press GmbH, Kassel, 2005, S. 467 - 470

DATEN- UND INFORMATIONSMANAGEMENT FÜR INDUSTRIE, HANDEL UND HANDWERK (Hrsg.) ERZEUGERMARKT, Das Lebensmittelportal, Samswegen o. J., http://www.erzeugermarkt.de/links/agoel.html, zugegriffen am 3.11.2005

THE DEPARTMENT OF AGRICULTURE AND FOOD, Organic Development
Committee, Report of the Organic Development Committee, Action Plan, Dublin, 2002

THE DEPARTMENT OF AGRICULTURE AND FOOD, Organic Unit, Census of
Irish Organic Production 2002, Johnstown Castle Estate, 2003

THE DEPARTMENT OF AGRICULTURE AND FOOD, Rural Environment
Protection Scheme - Basics and Contacts, Dublin, o. J., http://www.agriculture.gov.ie/index.jsp?
File=areasofi/reps.xml, zugegriffen am 9.11.2005

THE DEPARTMENT OF AGRICULTURE AND FOOD, Organic Food and Farming
website, Dublin, o. J., http://www.agriculture.gov.ie/index.jsp?file=organics /index.xml,
zugegriffen am 11.11.2005

THE DEPARTMENT OF AGRICULTURE AND FOOD, Scheme of Grant Aid for
the Development of the Organic Sector, Dublin, o. J., http://www.agriculture.gov.ie
/index.jsp?file=forms/Organics/organics.xml, zugegriffen am 11.11.2005

THE DEPARTMENT OF AGRICULTURE AND FOOD, REPS Facts and Figures,
Dublin, 2005, http://www.agriculture.gov.ie/index.jsp?file=areasofi/reps_planner
/factsheets.xml, zugegriffen am 11.11.2005

THE DEPARTMENT OF AGRICULTURE AND FOOD, Rural Environment
Protection Scheme, Farmer's Handbook for REPS 3, Dublin, o. J.

THE DEPARTMENT OF AGRICULTURE AND FOOD, leaflet: Your Guide to
organic food & farming, Dublin, o. J.

THE DEPARTMENT OF AGRICULTURE, FOOD AND RURAL DEVELOPMENT,
Organic Development Committee, Report of the Organic Development Committe, Brunswick
Press, Dublin, 2002

DIEKMANN, A., Empirische Sozialforschung, Grundlagen, Methoden,
Anwendungen, Rowohlt Taschenbuch Verlag GmbH, Reinbek bei Hamburg, 2001, 7. Auflage

DIENEL, W., Organisationsprobleme im Ökomarkteting – eine transaktionskosten-
theoretische Analyse im Absatzkanal konventioneller Lebensmittelhandel, Schriftenreihe des
Bundesministeriums für Verbraucherschutz, Ernährung und Landwirtschaft, Reihe A:
Angewandte Wissenschaft, Landwirtschaftsverlag GmbH, Münster-Hiltrup, 2001 a

EUROPÄISCHE KOMMISSION, Leader +, o. O., 2005,

http://europa.eu.int/comm/agriculture/rur/leaderplus/index_de.htm, zugegriffen am 4.11.2005

EUROPÄISCHE KOMMISSION, Regionalpolitik – Inforegio, Der Europäische
Ausgleichs- und Garantiefonds für die Landwirtschaft (EAGFL), o. O., 2005,
http://europa.eu.int/comm/regional_policy/funds/prord/prords/ prdsc_de.htm, zugegriffen am
4.11.2005

FACHBEREICH AGRARÖKOLOGIE DER UNIVERSITÄT ROSTOCK (Hrsg.),
Angewandte Agrarökologie in der umweltgerechten Landbewirtschaftung, Universitätsdruckerei
Rostock, Rostock, 1999

FLICK, U., Qualitative Sozialforschung, Eine Einführung, Rowohlt Taschenbuch
Verlag, Reinbek bei Hamburg, 2002

FORSCHUNGSINSTITUT FÜR BIOLOGISCHEN LANDBAU (FiBL) a, Über das
FiBL, Frick, 2005, http://www.fibl.org/fibl/portrait-allg.php, zugegriffen am 15.03.2005

FORSCHUNGSINSTITUT FÜR BIOLOGISCHEN LANDBAU (FiBL) b, Aktuell,
Pressemitteilungen, Biolandbau in Europa weiterhin auf Erfolgskurs, Frick, 2005,
http://www.fibl.org/aktuell/pm/2005/0222-biolandbau-europa.php, zugegriffen am 15.03.2005

FORSCHUNGSINSTITUT FÜR BIOLOGISCHEN LANDBAU (FiBL) c, Organic
Europe, European Statistics, Frick, 2005, http://www.organic-europe.net
/europe_eu/statistics.asp, zugegriffen am 4.04.2005

FREYER, B. (Hrsg.), Beiträge zur 7. Wissenschaftstagung zum ökologischen Landbau
– Ökologischer Landbau der Zukunft, Wien, 2003

FRIEDRICHS, J., Methoden empirischer Sozialforschung, Rowohlt Taschenbuch
Verlag GmbH, Reinbek bei Hamburg, 1973

FROSCHAUER, U., LUEGER, M., Das qualitative Interview zur Analyse sozialer
Systeme, WUV – Universitätsverlag, Wien, 1998, 2. Auflage

FROSCHAUER, U., LUEGER, M., Das qualitative Interview, Zur Praxis
interpretativer Analyse sozialer Systeme, WUV - Universitätsverlag, Wien, 2003

GARZ, D., KRAIMER, K. (Hrsg.), Qualitativ-empirische Sozialforschung, Konzepte,
Methoden, Analysen, Westdeutscher Verlag, Opladen, 1991

GEIER, B., Die Internationale Vereinigung Biologischer Landbaubewegungen (IFOAM), in: WILLER, H. (Hrsg.), Ökologische Konzepte 98, Ökologischer Landbau in Europa, Perspektiven und Berichte aus den Ländern der Europäischen Union und den EFTA-Staaten, Stiftung Ökologie und Landbau, DEUKALION Verlag, Holm, 1998, S. 371 – 374

GIBNEY, N., Ökologischer Landbau in der Republik Irland, in: WILLER, H. (Hrsg.), Ökologische Konzepte 98, Ökologischer Landbau in Europa, Perspektiven und Berichte aus den Ländern der Europäischen Union und den EFTA-Staaten, Stiftung Ökologie und Landbau, DEUKALION Verlag, Holm, 1998, S. 170 – 186

GIBNEY, N., Organic Farming in Ireland, in: GRAF, S., WILLER, H. (Hrsg.), Organic Agriculture in Europe, Current Status and Future Prospects of Organic Farming in Twenty-five European Countries, Stiftung Ökologie & Landbau (SÖL), Bad Dürkheim, 2000, S. 161 – 169

GRAF, S., WILLER, H. (Hrsg.), Organic Agriculture in Europe, Current Status and Future Prospects of Organic Farming in Twenty-five European Countries, Stiftung Ökologie & Landbau (SÖL), Bad Dürkheim, 2000

HAGEDORN, K., LASCHEWSKI, L., STELLER, O., Bundesprogramm Ökologischer Landbau, Institutionelle Erfolgsfaktoren einer Ausdehnung des Ökologischen Landbaus – Analyse anhand von Regionen mit einem besonders hohen Anteil an ökologisch bewirtschafteter Fläche, Berlin, 2004

HERRMANN, G., PLAKOM, G., Ökologischer Landbau, Grundwissen für die Praxis, Österreichischer Agrarverlag, Wien, 1993, 2. Auflage

HESS, J. und RAHMANN, G. (Hrsg.), Ende der Nische, Beiträge zur 8. Wissenschaftstagung ökologischer Landbau, Kassel University Press GmbH, Kassel, 2005

HOFFMANN, H., MÜLLER, S. [Hrsg.]: Beiträge zur 5. Wissenschaftstagung zum ökologischen Landbau "Vom Rand zur Mitte", Humboldt-Universität zu Berlin, 1999

HOLLENBERG, K., SIEBERT, R., KÄCHELE, H., Determinanten für die Umstellungsbereitschaft landwirtschaftlicher Betriebsleiter auf Ökologischen Landbau, in: HOFFMANN, H., MÜLLER, S. [Hrsg.]: Beiträge zur 5. Wissenschaftstagung zum ökologischen Landbau "Vom Rand zur Mitte", Humboldt-Universität zu Berlin, 1999, S. 333 – 337

HOWLETT, B., CONNOLLY, L., COWAN, C., MEEHAN, H., NIELSEN, R., Conversion to Organic Farming: Case Study Report Ireland, Dublin, 2002

INTERNATIONAL FEDERATION OF ORGANIC AGRICULTURE MOVEMENTS
(IFOAM), Basis-Richtlinien für ökologische Landwirtschaft und Verarbeitung, Basel, 2000, 13.
Auflage

INTERNATIONAL FEDERATION OF ORGANIC AGRICULTURE MOVEMENTS
(IFOAM), Bonn, 2005, http://www.ifoam.org, zugegriffen am 4.11.2005

INTERNATIONAL FEDERATION OF ORGANIC AGRICULTURE MOVEMENTS
(IFOAM), Länderindex, Irland, Bonn, 2005, http://www.ifoam.org/organic_world
/directory/index.html#I, zugegriffen am 4.11.2005

KILCHSPERGER, R., SCHMID, O., Warum bin ich eigentlich Biobäuerin?, in:
bioaktuell, Das Magazin der Biobewegung (4/05), 2005, S. 12 – 15

KOMMISSION DER EUROPÄISCHEN GEMEINSCHAFTEN (Hrsg.),
Arbeitsunterlage der Kommissionsdienststellen, Durchführbarkeit eines europäischen
Aktionsplans für ökologisch erzeugte Lebensmittel und die ökologische Landwirtschaft, Brüssel,
2002

KÖNIG, B., BOKELMANN, W., Umstellungshindernisse im Gemüsebau – Analyse
von Barrieren im Entscheidungsprozess, in: HESS, J. und RAHMANN, G. (Hrsg.), Ende der
Nische, Beiträge zur 8. Wissenschaftstagung ökologischer Landbau, Kassel University Press
GmbH, Kassel, 2005, S. 547 – 550

KOEPF, H. H., SCHAUMANN, W., HACCIUS, M., Biologisch-Dynamische
Landwirtschaft, Eine Einführung, Eugen Ulmer GmbH & Co., Stuttgart - Hohenheim, 1996, 4.
Auflage

KOEPF, H. H., VON PLATO, B., Die biologisch-dynamische Wirtschaftsweise im 20.
Jahrhundert, Die Entwicklungsgeschichte der biologisch-dynamischen Landwirtschaft, Verlag
am Goetheanum, Dornach, 2001

KOESLING, M., EBBESVIK, M., LIEN, G. FLATEN, O. und VALLE, P. S., Das
Potenzial umbestellungsbereiter Betriebe in Norwegen, in: HESS, J. und RAHMANN, G.
(Hrsg.), Ende der Nische, Beiträge zur 8. Wissenschaftstagung ökologischer Landbau, Kassel
University Press GmbH, Kassel, 2005, S. 553 – 556

KROMREY, H., Empirische Sozialforschung, Modelle und Methoden der
standardisierten Datenerhebung und Datenauswertung, Verlag Leske + Budrich, Opladen, 2002,
10. Auflage

LAFFERTY, S., COMMINS, P., WALSH, J. A., Irish Agriculture in Transition, A
Census Atlas of Agriculture in the Republic of Ireland, Dublin, 1999

LAMNEK, S., Qualitative Sozialforschung, Band 2, Methoden und Techniken,
Psychologie Verlags Union, München, 1989

LAMNEK, S., Qualitative Sozialforschung, Lehrbuch, Beltz Verlag, Weinheim, 2005

LAMPKIN, N., Ökologischer Landbau und Agrarpolitik in der Europäischen Union
und ihren Nachbarstaaten, in: WILLER, H. (Hrsg.), Ökologische Konzepte 98, Ökologischer
Landbau in Europa, Perspektiven und Berichte aus den Ländern der Europäischen Union und
den EFTA-Staaten, DEUKALION Verlag, Bad Dürkheim, 1998, S. 13. – 34

LAMPKIN, N., FOSTER, C., PADEL, S., The Policy and Regulatory Environment for
Organic Farming in Europe: Country Reports, Organic Farming in Europe: Economics and
Policy, Volume 2, Hohenheim, 1999 a

LAMPKIN, N., PADEL, S., FOSTER, C., Entwicklung und politische
Rahmenbedingungen des ökologischen Landbaus in Europa, in Agrarwirtschaft 50 (2001), Heft
7, S. 390 – 394

LANDESINSTITUT FÜR SCHULE UND WEITERBILDUNG, Öko-Landwirtschaft,
Die ökologischen Bauernverbände, Soest, o. J., http://www.learn-line.nrw.de/angebote
/agenda21/thema/oekobauern.htm, zugegriffen am 23.11.2005

LUHMANN, H.-J., Rachel Carson – ein Blatt, ein Bild, ein Wort, in: ALTNER, G.,
LEITSCHUH-FECHT, H., MICHELSEN, G., SIMONIS, U. E., VON
WEIZSÄCKER, E. U. (Hrsg.), Jahrbuch Ökologie, Rachel Carson – ein Blatt, ein Bild, ein Wort,
Berlin, 2004, http://www.jahrbuch-oekologie. de/Luhmann2004.pdf, zugegriffen am 23.11.2005

LÜNZER, I., Pioniere des Ökolandbaus, in: SCHAUMANN, W., SIEBENEICHER, G.
E., LÜNZER, I., Geschichte des ökologischen Landbaus, Stiftung Ökologie & Landbau (SÖL),
Bad Dürkheim, 2002, S. 117 – 191

MARX, G. T., MCADAM, D., Collective Behavior and social Movements, process
and structure, Prentice-Hall Inc., New Jersey, 1994

MAYRING, P., Einführung in die qualitative Sozialforschung, Eine Anleitung zu
qualitativem Denken, Beltz Verlag, Weinheim und Basel, 2002, 5. Auflage

MCMAHON, N., Biodynamic Farmers in Ireland. Transforming Society Through
Purity, Solitude and Bearing Witness?, in: *Sociologia Ruralis*, Band 45, Nummer 1 / 2, April
2005, S. 98 - 114

MELUCCI, A., Challenging codes, Collective action in the information age, University
Press, Cambridge, 1996

MEUSER, M., NAGEL, U., ExpertInneninterviews – vielfach erprobt, wenig bedacht,
Ein Beitrag zur qualitativen Methodendiskussion, in GARZ, D., KRAIMER, K. (Hrsg.),
Qualitativ-empirische Sozialforschung, Konzepte, Methoden, Analysen, West-deutscher Verlag,
Opladen, 1991, S. 441 – 471

MEUSER, M., NAGEL, U., ExpertInneninterviews – vielfach erprobt, wenig bedacht,
Ein Beitrag zur qualitativen Methodendiskussion, in: BOGNER, A., LITTIG, B., MENZ, W.
(Hrsg.), Das Experteninterview, Theorie, Methode, Anwendung, Leske + Budrich, Opladen,
2002, S. 71 - 93

MICHELSEN, J., LYNGGAARD, K., PADEL, S., FOSTER, C., Organic Farming,
Development and Agricultural Institutions in Europe: A Study of Six Countries, Organic
Farming in Europe: Economics and Policy, Volume 9, Stuttgart – Hohenheim, 2001

MOORE, O., Spirituality, Self-sufficiency, Selling, and the Split: Collictive Identity or
Otherwise in the Organic Movement in Ireland, 1936 to 1991, Beitrag präsentiert bei der 20.
ESRS Konferenz, Sligo Institute of Technology, Sligo, Irland, 2003

MOORE, O., Farmers' markets, and what they say about the perpetual post-organic
movement in Ireland, Sligo Institute of Technology, Sligo, Irland, 2004

Mündliche Auskunft eines Mitarbeiters von Atlantic Organics

NATIONAL DEVELOPMENT PLAN, National Development Plan, Dublin, o. J.
http://www.ndp.ie/newndp/displayer?Page =home_tmp, zugegriffen am 14.11.2005

NEUERBURG, W., PADEL, S., Organisch-biologischer Landbau in der Praxis,
Umstellung, Betriebs- und Arbeitswirtschaft, Vermarktung, Pflanzenbau und Tierhaltung, BLV
Verlagsgesellschaft mbH, München, 1992

O'CONNELL, K., LYNCH, B., Organic Poultry Production in Ireland, Problems and
possible solutions, Moorepark, 2004

OESTERDIEKHOFF, G. W., Die Entwicklung des ökologischen Landbaus in Deutschland und Europa, in: Landberichte 9 (2), 2002, S. 34 – 46

OFFERMANN, F., Quantitative Analyse der sektoralen Auswirkungen einer Ausdehnung des ökologischen Landbaus in der EU, Berliner Schriften zur Agrar- und Umweltökonomik, Shaker Verlag, Aachen, 2003

ORGANISATION FOR ECONOMIC CO-OPERATION AND DEVELOPMENT (OECD) (Hrsg.), OECD Economic Surveys 2002 – 2003, Ireland, Paris, 2003

PADEL, S., MICHELSEN, J., Institutionelle Rahmenbedingungen der Ausdehnung des ökologischen Landbaus, Erfahrungen aus drei europäischen Ländern, in: *Agrarwirtschaft 50* (2001), Heft 7, S. 395 – 400

REACH SERVICES, Irish Public Service Portal, Bord Glas (Horticultural Development Services), o. O., o. J., https://www.reachservices.ie/reachPortal/ appmanager/portal/default?intserviceslink=gofast&gofastnum=5080&lang=en, zugegriffen am 22.11.2005

REENTS, H.-J. (Hrsg.), Beiträge zur 6. Wissenschaftstagung zum Ökologischen Landbau, Von Leit-Bildern zu Leit-Linien, Verlag Dr. Köster, Berlin, 2001

RUCHT, D., Modernisierung und neue soziale Bewegungen, Deutschland, Frankreich und USA im Vergleich, Campus Verlag, Frankfurt/Main, 1994

RYAN, J., HOWLETT, B., MAHON, D., COWAN, C., MEEHAN, H., CONNOLLY, L., Assessment of Marketing Channels for Conversion Grade Products, Ireland, Dublin, 2003

SATTLER, F., VON WISTINGHAUSEN, E., Der landwirtschaftliche Betrieb, Biologisch-Dynamisch, Eugen Ulmer GmbH & Co., Stuttgart (Hohenheim), 1989

SCHAUMANN, W., SIEBENEICHER, G. E., LÜNZER, I., Geschichte des ökologischen Landbaus, Stiftung Ökologie & Landbau (SÖL), Bad Dürkheim, 2002

SCHNELL, R., HILL, P. B., ESSER, E., Methoden der empirischen Sozialforschung, Oldenbourg Wissenschaftsverlag GmbH, München, 2005, 7. Auflage

SCHRAMEK, J., Kommt eine Umstellung auf Ökolandbau für konventionelle
Landwirte in Zukunft in Frage – Was sind Einflussfaktoren?, in: HESS, J. und RAHMANNN, G.
(Hrsg.), Ende der Nische, Beiträge zur 8. Wissenschaftstagung ökologischer Landbau, Kassel
University Press GmbH, Kassel, 2005, S. 543 – 546

SCHRAMEK, J., SCHNAUT, G., Motive der (Nicht-) Umstellung auf Öko-
Landbau, in: Ökologie und Landbau 3/2004 (3), S. 44 – 46

SHANNON DEVELOPMENT, Pioneering Regional Developments for the Knowledge
Age, Shannon, o. J., http://www.shannon-dev.ie/, zugegriffen am 22.11.2005

SHARE, P., Trust me! I'm organic, in: CORCORAN, M. P., PEILLON, M. (Hrsg.),
Irish Sociological Chronicles, Volume 3 (1999 – 2000): Ireland unbound, A turn of the century
chronicle, Future Print, Dublin, 2002, S. 75 – 88

THE SOIL ASSOCIATION, History, Bristol, 2005,
http://www.soilassociation.org/web/sa/saweb.nsf/Aboutus/History.html,   zugegriffen   am
27.10.2005

STIFTUNG ÖKOLOGIE UND LANDBAU (SÖL) (Hrsg.), Ökologie und Landbau,
Jahrbuch Öko-Landbau 2003, Bad Dürkheim, 2003

STOLZE, M., Ökolandbau – Hemmnisse für die Umstellung, in: *B&B Agrar: die
Zeitschrift für Bildung und Beratung*, 6/2002, S. 198 – 201

TARROW, S., Power in Movement, Social Movements and contentious Politics,
Cambridge University Press, Cambridge, 1998, 2. Auflage

TEAGASC, Agriculture and Food Development Authority, Guidelines for Organic
Farming, Dublin, 2004

TEAGASC, Irish Agriculture and Food Develoment Authority, Welcome to Teagasc,
o. O., o. J., http://www.teagasc.ie/, zugegriffen am 22.11.2005

TIEMANN, S., BECKMANN, V., REUTER, K., HAGEDORN, K., Ist der
Ökologische Landbau ein transaktionskosteneffizientes Instrument zur Erreichung von
Umweltqualitätszielen?, in: HESS, J. und RAHMANN, G. (Hrsg.), Ende der Nische, Beiträge
zur 8. Wissenschaftstagung ökologischer Landbau, Kassel University Press GmbH, Kassel,
2005, S. 533 – 536

TOVEY, H., Food, Environmentalism and Rural Sociology: On the Organic Farming Movement in Ireland, in: *Sociologia Ruralis*, Volume 37, Number 1, 1997, S. 21 - 37

TOVEY, H., 'Messers, visionaries and organobureaucrats': dilemmas of institutionalisation in the Irish organic farming movement, in: *Irish Journal of Sociology*, Volume 9, 1999, S. 31 – 59

TOVEY, H., Alternative Agriculture Movements and rural Development cosmologies, in: *International Journal of the Sociology of Agriculture and Food 6 (2)*, 2002, S. 1- 15

UMWELTBUNDESAMT, ÖPUL 2000, http://www.umweltbundesamt.at/umweltschutz/landwirtschaft/oepul2/, zugegriffen am 25.11.2005

VOGTMANN, H. (Hrsg.), Ökologische Landwirtschaft, Landbau mit Zukunft, Stiftung Ökologie & Landbau (SÖL), Verlag C. F. Müller GmbH, Karlsruhe, 1992, 2. Auflage

WESTERN DEVELOPMENT COMMISSION, Blueprint for organic Agri-Food Production in the West, Ballaghaderreen, Ireland, o. J.

WILLER, H., Ökologischer Landbau in der Republik Irland, Die Ausbreitung einer Innovation in einem Peripherraum, Selbstverlag des Instituts für Physische Geographie der Albert-Ludwigs-Universität Freiburg i. Br., 1992

WILLER, H. (Hrsg.), Ökologische Konzepte 98, Ökologischer Landbau in Europa, Perspektiven und Berichte aus den Ländern der Europäischen Union und den EFTA-Staaten, DEUKALION Verlag, Holm, 1998

WILLER, H., LÜNZER, I., HACCIUS, M., Ökolandbau in Deutschland, SÖL – Sonderausgabe: Nr. 80, Bad Dürkheim, 2002

WILLER, H., YUSSEFI, M., Wachstum weltweit Wirklichkeit, Ökolandbau auch international auf dem Vormarsch, in: SCHNEIDER, M., FINK-KESSLER, A. und STODIECK, F. (Hrsg.), Der kritische Agrarbericht 2004, Kritischer Agrarbericht. AbL Bauernblatt Verlag, Rheda-Wiedenbrück, S. 115 – 120

WILLER, H., Continued Growth in Europe: Current Trends in Organic Production,
Vortrag bei: BioFach Kongress 2005, Nürnberg Messe Convention Centre, Nuremburg,
Germany, 24.2.2005-27.2.2005, in: ANONYMUS (Hrsg.), Organic Farming in Europe 2005:
Market, Production, Policy & Research, Background Information for the event „Organic
Production in Europe: Market, Production, Policy & Research", S. 3

YUSSEFI, M., WILLER, H., Ökologische Agrarkultur Weltweit 2002, Organic
Agriculture Worldwide 2002, Statistiken und Perspektiven, Statistics and Future Prospects,
Stiftung Ökologie & Landbau (SÖL), Bad Dürkheim, 2002, 4. Auflage

9.2 Weiterführende Literatur

ALBRECHT, H., BADER, U., LULEY, H., Gruppenarbeit im ökologischen Landbau –
Untersuchung und Förderung ehrenamtlich geleiteter Gruppen, in: BUNDESMINISTERIUM
FÜR ERNÄHRUNG, LANDWIRTSCHAFT UND FORSTEN (Hrsg.), *Berichte über
Landwirtschaft*, Zeitschrift für Agrarpolitik und Landwirtschaft, Band 70 (4), Verlag Paul Parey,
Hamburg, 1992, S. 633 – 650

ALFÖLDI, T., LOCKERETZ, W. und NIGGLI U. (Hrsg.), Proceedings of the 13th
International IFOAM Scientific Conference, IFOAM 2000 – The World Grows Organic, vdf
Hochschulverlag an der ETH Zürich, Zürich, 2000

ALLEN, P., KOVACH, M., The capitalist composition of organic: The potential of
markets in fulfilling the promises of organic agriculture, in: *Agriculture and Human Values 17*,
Kluwer Academic Publishers, 2000, S. 221 – 232

VON ALVENSLEBEN, R., Ökologischer Landbau: ein umweltpolitisches Leitbild?,
in: *Agrarwirtschaft 47* (1998), Heft 10, S. 381 – 382

ARZENI, A., ESPOSTI, R., SOTTE, F. (Hrsg.), European Policy Experiences with
Rural Development, Wissenschaftsverlag Vauk Kiel KG, Kiel, 2002

BAHRS, E., HELD, J.-H., Förderpotentiale von Fiskalnormen im ökologischen
Landbau, in: HESS, J. und RAHMANN, G., (Hrsg.) Ende der Nische, Beiträge zur 8.
Wissenschaftstagung Ökologischer Landbau, Kassel University Press GmbH, Kassel, 2005

BICHLER, B., HAMM, U., NIEBERG H., RIPPIN, M., Strukturdaten zum
ökologischen Landbau: welche Daten stehen zur Verfügung?, in: HESS, J. und RAHMANN, G.,
(Hrsg.) Ende der Nische, Beiträge zur 8. Wissenschaftstagung Ökologischer Landbau, Kassel
University Press GmbH, Kassel, 2005 b, S. 503f.

93

BUCK, D., GETZ, C., GUTHMAN, J., From Farm to Table: The Organic Vegetable Commodity Chain of Northern California, in: *Sociologia Ruralis*, Volume 1, Number 37, 1997, S. 3 – 20

BUNDESMINISTERIUM FÜR ERNÄHRUNG, LANDWIRTSCHAFT UND FORSTEN (Hrsg.), *Berichte über Landwirtschaft*, Zeitschrift für Agrarpolitik und Landwirtschaft, Band 70 (4), Verlag Paul Parey, Hamburg, 1992

BUNDESMINSTERIUM FÜR ERNÄHRUNG, LANDWIRTSCHAFT UND FORSTEN (Hrsg.), *Berichte über Landwirtschaft*, Zeitschrift für Agrarpolitik und Landwirtschaft, Band 72 (3), Landwirtschaftsverlag, Münster-Hiltrup, 1994

BUNDESMINISTERIUM FÜR ERNÄHRUNG, LANDWIRTSCHAFT UND FORSTEN (Hrsg.), *Berichte über Landwirtschaft*, Zeitschrift für Agrarpolitik und Landwirtschaft, Band 74 (4), Landwirtschaftsverlag, Münster-Hiltrup, 1996

BUNDESMINISTERIUM FÜR VERBRAUCHERSCHUTZ, ERNÄHRUNG UND LANDWIRTSCHAFT, EG-Öko-Verordnung, http://www.verbraucherministerium.de/data /450ABE1EDAE847A9B1088675FFBF91E2.0.pdf, zugegriffen am 4.11.2005

BUNDESMINISTERIUM FÜR VERBRAUCHERSCHUTZ, ERNÄHRUNG UND LANDWIRTSCHAFT, Förderung des ökologischen Landbaus in Deutschland, http://www.verbraucherministerium.de/index-000CBAE09F081F91A6521C0A8D816.html, zugegriffen am 22.11.2005

CABALLERO, R., Policy schemes and targeted technologies in an extensive cereal-sheep farming system, in: *Agriculture and Human Values 19*, Kluwer Academic Publishers, o. O., 2002, S. 63 – 74

CAMPBELL, H., LIEPINGS, R., Naming organics: understanding organic standards in New Zealand as a discursive field, in: *Sociologia Ruralis*, Volume 41, Number 1, January 2001

COLEMAN, W. D., Agricultural Policy Reform and Policy Convergence: An Actor-Centered Institutionalist Approach, in: *Journal of Comparative Policy Analysis: Research and Pratice 3*, Kluwer Academic Publishers, o. O., 2001, S. 219 – 249

DABBERT, S., BRAUN, J., Auswirkungen des EG-Extensivierungsprogramms auf die Umstellung auf ökologischen Landbau in Baden-Württemberg, in: *Agrarwirtschaft 42* (1993), Heft 2, S. 90 – 99

DABBERT, S., Organic Farming and the Common Agricultural Policy: A European
Perspective, veröffentlicht in: ALFÖLDI, T., LOCKERETZ, W. und NIGGLI, U. (Hrsg.),
Proceedings of the 13th International IFOAM Scientific Conference, IFOAM 2000 – The World
Grows Organic, vdf Hochschulverlag an der ETH Zürich, Zürich, 2000, S. 611 – 614

DARNHOFER, I., Einstellung der Landwirte – ihr Einfluss auf die Verbreitung des
Biolandbaus, in: PENKER, M., PFUSTERSCHMID, S. (Hrsg.), Wie steuerbar ist die
Landwirtschaft? Erfordernisse, Potentiale und Instrumente zur Ökologisierung der
Landwirtschaft, Dokumentation der 11. ÖGA-Jahrestagung an der Karl-Franzens-Universität
Graz 27. und 28. September 2001, Facultas Verlag, Wien, 2003, S. 239 – 244

DIENEL, W., Transaktionskostentheoretisch basierte Analyse der
Organisationsprobleme bei der Erschließung des Ökomarktes, in: *Agrarwirtschaft 50* (2001),
Heft 6, 2001 b, S. 354 -362

EDER, K., KOUSIS, M. (Hrsg.), Environmental Politics in Southern Europe, Actors,
Institutions and Discourses in a Europeanizing Society, Kluwer Academic Publishers, Dordrecht,
The Netherlands, 2001

EUROPÄISCHE UNION, EUROPA- Das Portal der Europäischen Union,
http://europa.eu.int/index_de.htm, zugegriffen am 23.11.2005

EUROSTAT, Statistik kurz gefasst LANDWIRTSCHAFT UND FISCHEREI, Struktur
der landwirtschaftlichen Betriebe, Irland 2003, S. 1 - 8, http://epp.eurostat.cec.eu.int
/cache/ITY_OFFPUB/KS-NN-04-036/DE/KS-NN-04-036-DE.PDF, zugegriffen am 10.12.2004

EUROSTAT JAHRBUCH 2004, Kapitel 7, Land- und Forstwirtschaft, Fischerei, S.
233 – 244, http://epp.eurostat.cec.eu.int/cache/ITY_OFFPUB/KS-CD-04-001-7/DE/ KS-CD-04-
001-7-DE.PDF, zugegriffen am 10.12.2004

FOSTER, C., LAMPKIN, N., European organic production statistics 1993 – 1996,
Organic Farming in Europe: Economics and Policy, Volume 3, Hohenheim, 1999

FREYER, B., Ausgewählte Prozesse in der Phase der Umstellung auf den
ökologischen Landbau am Beispiel von sieben Fallstudien, in: BUNDESMINSTERIUM FÜR
ERNÄHRUNG, LANDWIRTSCHAFT UND FORSTEN (Hrsg.), *Berichte über Landwirtschaft*,
Zeitschrift für Agrarpolitik und Landwirtschaft, Band 72 (3), Landwirtschaftsverlag, Münster-
Hiltrup, 1994, S. 366 – 390

FREYER, B., EDER, M., SCHNEEBERGER, W., DARNHOFER, I., KIRNER, L., LINDENTHAL, T., ZOLLITISCH, W., Der biologische Landbau in Österreich – Entwicklungen und Perspektiven, in: *Agrarwirtschaft 50* (2001), Heft 7, S. 400 – 409

GAULE, J., Die Landwirtschaft in Irland, AID: Land- und hauswirtschaftlicher Auswertungs- und Informationsdienst, Bonn-Bad Godesberg, 1997

GERBER, A., HOFFMANN, V., KRÜGLER, M., Das Wissenssystem im ökologischen Landbau, in: BUNDESMINISTERIUM FÜR ERNÄHRUNG, LANDWIRTSCHAFT UND FORSTEN (Hrsg.), *Berichte über Landwirtschaft*, Zeitschrift für Agrarpolitik und Landwirtschaft, Band 74 (4), Landwirtschaftsverlag, Münster-Hiltrup, 1996, S. 591 – 627

GREY, T., 5mal Irland, R. Piper & Co. Verlag, München, 1968

HAMM, U., GRONEFELD, F., HALPIN, D., Analysis of the European market for organic food, Organic Marketing Initiatives and Rural Development: Volume One, Aberystwyth, 2002

HAMM, U., RECKE, G., Aufbau eines europäischen Informationssystems für den Öko-Markt, in: HESS, J., RAHMANN, G. (Hrsg.), Ende der Nische, Beiträge zur 8. Wissenschaftstagung Ökologischer Landbau, Kassel University Press GmbH, Kassel, 2005, S. 491 – 494

HÄRING. A. M., DABBERT, S., The economic impact of the CAP reform and potential future policy developments on typical organic farms in the EU, in: ALFÖLDI, T., LOCKERETZ, W. und NIGGLI, U. (Hrsg.), Proceedings of the 13th International IFOAM Scientific Conference, IFOAM 2000 – The World Grows Organic, vdf Hochschulverlag an der ETH Zürich, Zürich, 2000, S. 664

HÄRING, A. M., VAIRO, D., DABBERT, S., ZANOLI, R., Entwicklung von Politikmaßnahmen zur Förderung des Ökologischen Landbaus durch Akteure: Ergebnisse aus nationalen Workshops in Deutschland, Österreich und der Schweiz, in: HESS, J., RAHMANN, G. (Hrsg.), Ende der Nische, Beiträge zur 8. Wissenschaftstagung Ökologischer Landbau, Kassel University Press GmbH, Kassel, 2005, S. 437 – 440

HÄRING, A. M., OFFERMANN, F., Auswirkung der 1. und 2. Säule der EU Agrarpolitik auf ökologische Betriebe im Vergleich zu konventionellen Betrieben, in: HESS, J. und RAHMANN, G. (Hrsg.), Ende der Nische, Beiträge zur 8. Wissenschaftstagung ökologischer Landbau, Kassel University Press GmbH, Kassel, 2005, S. 411 – 414

HECHT, J., GAY, S. H., OFFERMANN, F., Vergleich der Stützung ökologischer und konventioneller Landwirtschaft in der EU unter Verwendung des PSE-Konzepts der OECD, in: HESS, J. und RAHMANN, G. (Hrsg.), Ende der Nische, Beiträge zur 8. Wissenschaftstagung ökologischer Landbau, Kassel University Press GmbH, Kassel, 2005, S. 451 – 454

IRISH LEADER SUPPORT UNIT, leaflet: Irish Leader Support Unit Annual Conference, Rural Development – A Time of Transition, http://www.leaderplus.de /downloads /free/Irland_Programm.pdf, zugegriffen am 4.11.2005

JAHN, G., SCHRAMM, M., SPILLER, A., Ökoverbände in der Identitätskrise? Eine clubtheoretische Analyse, in: HESS, J. und RAHMANN, G. (Hrsg.), Ende der Nische, Beiträge zur 8. Wissenschaftstagung ökologischer Landbau, Kassel University Press GmbH, Kassel, 2005, S. 529 – 53

JÄGER, H., Irland, Eine geographische Landeskunde, Wissenschaftliche Buchgesellschaft, Darmstadt, 1990

KALTOFT, P., Organic farming in late modernity: at the frontier of modernity or opposing modernity?, in: *Sociologia Ruralis*, Volume 41, Number 1, January 2001

KIRNER, L., EDER, M., Wirkungsanalyse von Steuerungselementen zur Stimulierung des Biologischen Landbaus – Akzeptanz und Erfordernisse aus Sicht der Bäuerinnen und Bauern, in: PENKER, M., PFUSTERSCHMID, S. (Hrsg.), Wie steuerbar ist die Landwirtschaft? Erfordernisse, Potentiale und Instrumente zur Ökologisierung der Landwirtschaft, Dokumentation der 11. ÖGA-Jahrestagung an der Karl-Franzens-Universität Graz 27. und 28. September 2001, Facultas Verlag, Wien, 2003, S. 13 - 25

KIRNER, L., VOGEL, S., SCHNEEBERGER, W., Ausstiegsabsichten und tatsächliche Ausstiegsgründe von Biobauern und Biobäuerinnen in Österreich – Analyse von Befragungsergebnissen, in: HESS, J. und RAHMANN, G. (Hrsg.), Ende der Nische, Beiträge zur 8. Wissenschaftstagung ökologischer Landbau, Kassel University Press GmbH, Kassel, 2005, S. 429 - 432

KÖHNE, M., KÖHN, O., Betriebsumstellung auf ökologischen Landbau – Auswirkungen der EU-Förderung in den neuen Bundesländern, in: BUNDESMINISTERIUM FÜR ERNÄHRUNG, LANDWIRTSCHAFT UND FORSTEN (Hrsg.), *Berichte über Landwirtschaft*, Zeitschrift für Agrarpolitik und Landwirtschaft, Band 76 (3), Landwirtschaftsverlag, Münster-Hiltrup, 1998, S. 329 – 365

KÖHNE, M., Ökonomische Aspekte des ökologischen Landbaus, in: *Agrarwirtschaft* *50* (2001), Heft 7, S. 389

KOUSIS, M., EDER, K., EU policiy-making, local action, and the emergence of institutions of collective action, A theoretical perspective on Southern Europe, in: EDER, K., KOUSIS, M. (Hrsg.), Environmental Politics in Southern Europe, Actors, Institutions and Discourses in a Europeanizing Society, Kluwer Academic Publishers, Dordrecht, The Netherlands, 2001, S. 3 - 21

KRIZ, J., Methodenkritik empirischer Sozialforschung, Eine Problemanalyse sozial-wissenschaftlicher Forschungspraxis, Teubner – Verlag, Stuttgart, 1981

KUHNERT, H., FEINDT, P. H., BEUSMANN, V., Ausweitung des ökologischen Landbaus in Deutschland – Voraussetzungen, Strategien, Implikationen, politische Optionen, in: HESS, J. und RAHMANN, G. (Hrsg.), Ende der Nische, Beiträge zur 8. Wissenschaftstagung ökologischer Landbau, Kassel University Press GmbH, Kassel, 2005, S. 449 – 450

LAMPKIN, N., FOSTER, C., PADEL, S., MIDMORE, P., The Policy and Regulatory Environment for Organic Farming in Europe, Organic Farming in Europe: Economics and Policy, Volume 1, Hohenheim, 1999 b

LATACZ-LOHMANN, U., RECKE, G., WOLFF, H., Die Wettbewerbsfähigkeit des ökologischen Landbaus: Eine Analyse mit dem Konzept der Pfadabhängigkeit, in. *Agrarwirtschaft 50* (2001), Heft 7, S. 433 – 438

LOCKIE, S., LYONS, K., LAWRENCE, G., Constructing "green" foods: Corporate capital, risk, and organic farming in Australia and New Zealand, in: *Agriculture and Human Values 17*, Kluwer Academic Publishers, o. O., 2000, S. 315 – 322

LYNGGAARD, K., The farmer within an institutional environment. Comparing Danish and Belgian organic farming, in: *Sociologia Ruralis*, Volume 41, Number 1, January 2001

LYONS, K, LAWRENCE, G., Institutionalisation and resistance: organic agriculture in Australia and New Zealand, in: TOVEY, H., BLANC, M. (Hrsg.), Food, Nature and Society, Rural life in late modernity, Ashgate – Verlag, Aldershot, o. J., S. 67 – 86

MATTHEWS, A., TREDE, K.-J., Agrarpolitik und Agrarsektor in Irland, in: PRIEBE, W., SCHEPER, W., VON URFF, W. (Hrsg.), Agrarpolitische Länderberichte, EG-Staaten, Band 3, Kieler Wissenschaftsverlag Vauk, 1983

98

MICHELSEN, J., HAMM, U., WYNEN, E., ROTH, E., The European Market for
Organic Products: Growth and Development, Organic Farming in Europe: Economics and
Policy, Volume 7, Stuttgart – Hohenheim, 1999

MICHELSEN, J., Recent development and political acceptance of organic farming in
Europe, in: *Sociologia Ruralis*, Volume 41, Number 1, January 2001 a

MICHELSEN, J., Organic Farming in a regulatory perspective. The Danish case, in:
Sociologia Ruralis, Volume 41, Number 1, January 2001 b

MOSCHITZ, H., STOLZE, M., MICHELSEN, J., Further Development of Organic
Farming Policy in Europe with Particular Emphasis on EU Enlargement, D7: Report on the
development of political institutions involved in policy elaboration in organic farming for
selected European states, o. O., 2004, http://orgprints.org/4799, zugegriffen am 15.11.2005

MOSCHITZ, H., STOLZE, M., Politikgestaltung – Institutionen des Biosektors und ihr
Einfluss auf die Politik, in: HESS, J. und RAHMANN, G. (Hrsg.), Ende der Nische, Beiträge zur
8. Wissenschaftstagung ökologischer Landbau, Kassel University Press GmbH, Kassel, 2005, S.
441 - 444

NIEBERG, H., (Hrsg.), Ökologischer Landbau: Entwicklung, Wirtschaftlichkeit,
Marktchancen und Umweltrelevanz, Landbauforschung Völkenrode, Wissenschaftliche
Mitteilungen der Bundesforschungsanstalt für Landwirtschaft Braunschweig-Völkenrode (FAL),
Braunschweig, 1997

NIEBERG, H., STROM-LÖMCKE, R., Förderung des ökologischen Landbaus in
Deutschland: Entwicklung und Zukunftsaussichten, in: *Agrarwirtschaft 50* (2001), Heft 7, S. 410
– 421

NIEBERG, H., Unterschiede zwischen erfolgreichen und weniger erfolgreichen
Ökobetrieben in Deutschland, in: *Agrarwirtschaft 50* (2001), Heft 7, S. 428 – 432

NIGGLI, U., Schweizer Bio-Landbau vor neuem Schub, in Stiftung Ökologie und
Landbau (SÖL) (Hrsg.), Ökologie und Landbau, Jahrbuch Öko-Landbau 2003, Bad Dürkheim,
2003, S. 99 – 103

NOE, E., Farm management, knowledge and multidimensional farming – some
reflections from the perspective of farm enterprises as heterogeneous self-organising systems,
Beitrag präsentiert bei der Konferenz: XXth ESRS Congress: Working group 1.5, Labour skills
and training for multidimensional agricultures, Sligo, Ireland, 18-22 August 2003, Seite(n) pp. 1-
8, http://orgprints.org/00001338, zugegriffen am 25.02.2005

NOE, E., 'Organic farming' in Denmark: Enhancement or dissolution? A survey
among organic farmers, http://orgprints.org/00000834, zugegriffen am 25.02.2005

OFFERMANN, F., NIEBERG, H., Economic Performance of Organic Farms in
Europe, Organic Farming in Europe: Economics and Policy, Volume 5, Stuttgart-Hohenheim,
2000

OFFERMANN, F., NIEBERG, H., Wirtschaftliche Situation ökologischer Betriebe in
ausgewählten Ländern Europas: Stand, Entwicklung und wichtige Einflussfaktoren, in:
Agrarwirtschaft 50 (2001), Heft 7, S. 421 -427

OPPERMANN, R., Ökologischer Landbau am Scheideweg, Chancen und
Restriktionen für eine ökologische Kehrtwende in der Agrarwirtschaft, ASG – Kleine Reihe Nr.
62, Göttingen, 2001

ORGANISATION FOR ECONOMIC CO-OPERATION AND DEVELOPMENT
(OECD) (Hrsg.), Organic Agriculture: Sustainability, Markets and Policies, CABI Publishing,
Wallingford, 2003

PADEL, S., Conversion to organic farming: a typical example of the diffusion of an
innovation?, in: *Sociologia Ruralis*, Volume 41, Number 1, January 2001

PENKER, M., PFUSTERSCHMID, S. (Hrsg.), Wie steuerbar ist die Landwirtschaft?
Erfordernisse, Potentiale und Instrumente zur Ökologisierung der Landwirtschaft,
Dokumentation der 11. ÖGA-Jahrestagung an der Karl-Franzens-Universität Graz 27. und 28.
September 2001, Facultas Verlag, Wien, 2003

PIETOLA, K. S., LANSINK, A. O., Farmer response to policies promoting organic
farming technologies in Finland, in: *European Review of Agricultural Economics*, Vol. 28 (1)
(2001), S. 1 – 15

PREUSCHEN, G., Ackerbaulehre nach ökologischen Gesetzen, Das Handbuch für die
neue Landwirtschaft, Stiftung Ökologie und Landbau, Bad Dürkheim, 1991

PRIEBE, W., SCHEPER, W., VON URFF, W. (Hrsg.), Agrarpolitische
    Länderberichte, EG-Staaten, Band 3, Kieler Wissenschaftsverlag Vauk, 1983

PUGLIESE, P., Organic Farming and sustainable rural development. A multifaceted
    and promised convergence, in: *Sociologia Ruralis*, Volume 41, Number 1, January 2001

RATHKE, K.-D., WEITBRECHT, B., KOPP, H.-J., Ökologischer Landbau und
    Bioprodukte, Der Ökolandbau in Recht und Praxis, Verlag C. H. Beck, München, 2002

REED, M., Fight the future! How the contemporary campaigns of the UK organic
    movement have arisen from their composting of the past, in: *Sociologia Ruralis*, Volume 41,
    Number 1, January 2001

RICHTER, T., The European Organic Market Between Strong Growth and
    Consolidation – Current State and Prospects, in: ANONYMUS (Hrsg.), Organic Farming in
    Europe 2005: Market, Production, Policy & Research, Background Information for the event
    „Organic Production in Europe: Market, Production, Policy & Research", held February 24,
    2005,12 to 13.30 hrs at the Biofach Congress, Nuremberg, Germany

ROCHE, M. J., MCQUINN, K, Testing for speculation in agricultural land in Ireland,
    in: European Review of Agricultural Economics, Volume 28 (2) (2001), S. 95 – 115

SANDERS, J., LAMPKIN, N., STOLZE, M., MIDMORE, P., Modellansatz und –
    konzeption zur quantitativen Politikfolgenabschätzung für den biologischen Landbau, in: HESS,
    J. und RAHMANN, G. (Hrsg.), Ende der Nische, Beiträge zur 8. Wissenschaftstagung
    ökologischer Landbau, Kassel University Press GmbH, Kassel, 2005, S. 455 - 458

SCHMID, O., SANDERS, J., Regionale Bio-Vermarktungsinitiativen und ländliche
    Entwicklung – Perspektiven, Potentiale und Fördermöglichkeiten, in: HESS J. und RAHMANN,
    G. (Hrsg.), Ende der Nische, Beiträge zur 8. Wissenschaftstagung ökologischer Landbau, Kassel
    University Press GmbH, Kassel, 2005, S. 423 – 424

SCHMIDT, H., HACCIUS, M., EG-Verordnung „Ökologischer Landbau", Eine
    juristische und agrarfachliche Kommentierung, Stiftung Ökologie & Landbau (SÖL), Bad
    Dürkheim, 1994, 2. Auflage

SCHNEIDER, M., FINK-KESSLER, A. und STODIECK, F. (Hrsg.), *Der kritische
    Agrarbericht 2004*, Kritischer Agrarbericht. AbL Bauernblatt Verlag, Rheda-Wiedenbrück, 2004

SCHROERS, J. O., MÖLLER, D., Standortorientierung des ökologischen Landbaus zwischen Kostenführerschaft und Nischenproduktion, in: HESS, J. und RAH-MANN, G. (Hrsg.), Ende der Nische, Beiträge zur 8. Wissenschaftstagung ökologischer Landbau, Kassel University Press GmbH, Kassel, 2005, S. 463 – 466

SCHWARZWELLER, H. K., DAVIDSON, A. P. (Hrsg.), Dairy Industry Restructuring, Research in Rural Sociology and Development, Volume 8, JAI – Verlag, o. O., 2000

SEERS, D., SCHAFFER, B., KILJUNEN, M.-L., Underdeveloped Europe: Studies in Core-Periphery Relations, Humanities Press, New Jersey, 1979

SEERS, D., ÖSTRÖM, K. (Hrsg.), The Crises of the European Regions, The Macmillan Press LTD, London, 1983

SEPPÄNEN, L., HELENIUS, J., Do inspection practices in organic agriculture serve organic values? A case study from Finland, in: *Agriculture and Human Values 21*, Kluwer Academic Publishers, o. O., 2004, S. 1 – 13

VAN SETTEN, A., Die Landwirtschaft in Irland (Eire), ihre Entwicklung und wirtschaftlichen Grundlagen, Hamburg, 1956

SICK, W.-D., Agrargeographie, Westermann Schulbuchverlag GmbH, Braunschweig, 1993, 2. Auflage

SPILLER, A., Preispolitik für ökologische Lebensmittel: Eine neo-institutionalistische Analyse, in: *Agrarwirtschaft 50* (2001), Heft 7, S. 451 – 461

STEINECKE, A. (Hrsg.), Express Reisehandbuch, Irland, Mundo Verlag, Leer, 1993, 2. Auflage

STOLZE, M. und SANDERS, J., Halbzeitbewertung der EU – Wie ist der Öko-Landbau betroffen?, in Stiftung Ökologie und Landbau (SÖL) (Hrsg.), Ökologie und Landbau, Jahrbuch Öko-Landbau 2003, Bad Dürkheim, 2003, S. 111 -116

TOVEY, H., Milk and Modernity: Dairying in contemporary Ireland, in: SCHWARZWELLER, H. K., DAVIDSON, A. P. (Hrsg.), Dairy Industry Restructuring, Research in Rural Sociology and Development, Volume 8, JAI – Verlag, o. O., 2000, S. 47 – 73

TOVEY, H., The co-operative movement in Ireland: reconstructing civil society, in: TOVEY, H., BLANC, M. (Hrsg.), Food, Nature and Society, Rural life in late modernity, Ashgate – Verlag, Aldershot, 2001

TOVEY, H., BLANC, M. (Hrsg.), Food, Nature and Society, Rural life in late modernity, Ashgate – Verlag, Aldershot, 2001

VOGTMANN, H., BOEHNCKE, E., FRICKE, I. (Hrsg.), Öko-Landbau – eine weltweite Notwendigkeit, Die Bedeutung der Öko-Landwirtschaft in einer Welt mit zur Neige gehenden Ressourcen, Verlag C. F. Müller, Karlsruhe, 1986

VOS, T., Visions of the middle landscape: Organic farming and the politics of nature, in: *Agriculture and Human Values 17*, Kluwer Adademic Publishers, o. O., 2000, S. 245 – 256

WAIBEL, H., GARMING, H., ZANDER, K., Die Umstellung auf ökologischen Apfelanbau als risikobehaftete Investition, in: *Agrarwirtschaft 50* (2001), Heft 7, S. 439 – 450

WEINSCHENK, G., Agrarpolitik und ökologischer Landbau, in: *Agrarwirtschaft 46* (1997), Heft 7, S. 251 – 256

WESSELER, M., FINK-KESSLER, A., Systemaufstellung in der ökologischen Landwirtschaft: Fallstudien zur Wirksamkeit systemischer Zusammenhänge, in: HESS, J. und RAHMANN, G. (Hrsg.), Ende der Nische, Beiträge zur 8. Wissenschaftstagung ökologischer Landbau, Kassel University Press GmbH, Kassel, 2005, S. 505 - 508

WERLEN, B., Sozialgeographie: eine Einführung, Verlag Paul Haupt Berne, UTB für Wissenschaft, Bern, 2000

ZANOLI, R., GAMBELLI, D., Output and Public Expenditure Implications of the Development of Organic Farming in Europe, Organic Farming in Europe, Economics and Policy, Volume 4, Stuttgart-Hohenheim, 1999

ZANOLI, R., GAMBELLI, D., VAIRO, D., Organic Farming in Europe by 2010: Scenarios for the Future, Organic Farming in Europe: Economics and Policy, Volume 8, Stuttgart-Hohenheim, 2000

Anhang

Länderportrait Irland

Tab.: Kurzinformationen über Irland

Name der Insel	Irland, irisch: Éire, englisch: Ireland
Lage	51°30' – 55°30' nördliche Breite
	5°30' – 10°30' westliche Länge
Fläche	84.421 km², davon entfallen 70.282 km² (83 %) auf die
	Republik Irland und 14.139 km² auf Nordirland (17 %)
Bevölkerung	3,6 Millionen (Republik Irland)
	1,7 Millionen (Nordirland)
Hauptstadt der Republik Irland	Dublin
Hauptstadt von Nordirland	Belfast
Amtssprachen	English, Irisch

Quellen: nach BAEDEKER, o. J., S. 14 und BRUGGER, E. M., 1997, S. 15

Die Insel Irland besteht staatsrechtlich aus zwei autonomen Teilen: „der Republik Irland [...] und Nordirland, das zum Vereinigten Königreich von Großbritannien und Nordirland gehört" (BRUGGER, E. M., 1997, S. 15). Darüber hinaus umfasst Irland vier historische Provinzen: Ulster, Leinster, Munster und Connacht (vgl. ebenda, S. 15; vgl. BAEDEKER, o. J., S. 29). Die Republik Irland wurde 1921 gegründet (vgl. BAEDEKER, o. J., S. 29). Gleichzeitig wurde die Insel aufgeteilt. Drei der vier Provinzen gehören seit diesem Jahr zur Republik Irland. Die vierte Provinz Ulster wurde aufgeteilt: „drei Grafschaften (Donegal, Cavan und Monaghan) kamen zur Republik, die übrigen sechs [Derry, Antrim, Tyrone, Fermanagh, Armagh, Down (vgl. BAEDEKER, o. J., S. 29)] bilden das britische Nordirland" (BRUG-GER, E. M., 1997, S. 15). Mittlerweile haben die Provinzen keine Verwaltungsfunktion mehr. Die Verwaltungseinheiten in der Republik Irland bilden heutzutage 26 Grafschaften („Counties") und fünf grafschaftsfreie Städte („County Boroughs"). 1973 wurden die Grafschaften in Nordirland durch 26 Distrikte ersetzt (vgl. BRUGGER, E. M., 1997, S. 15).

Die Landwirtschaft bestimmt heutzutage noch immer weite Teile Irlands. Ende der 1990er Jahre betrug der Anteil der in der Landwirtschaft Beschäftigten 13 %, wohingegen nur 2,8 % der Beschäftigten in Deutschland in der Landwirtschaft arbeiteten. Die bedeutendsten landwirtschaftliche Zweige sind die Rindermast und Milchviehwirtschaft (vgl. BRUGGER, E. M., 1997, S. 43). 2002 betrug die Zahl der gesamten Beschäftigten 1.855.000 [Stand 30.11.2002]. Davon waren 120.000 Arbeitskräfte im Sektor Land- und Forstwirtschaft und Fischerei beschäftigt, weitere 493.000 in der Industrie und verarbeitenden Gewerbe und die restlichen 1.158.000 in anderen Sektoren (vgl. ORGANISATION FOR ECONOMIC CO-OPERATION AND DEVELOPMENT, 2003, S. 6).

Abb.: Karte von Irland

Quelle: BAEDEKER, o. J., S. 29

Zu: 4.2 Vorgehensweise

Tab.: Die befragten Experten und die dazugehörigen Institutionen

Nr. der befragten Experten	Institution
1	Irish Seed Savers' Association
2	Institute of Technology, Sligo
3	University of Galway
4	Institute of Technology, Sligo
5	Organic Centre
6	Trinity College, Dublin
7	Organic Trust

Quelle: eigene Darstellung

Interviewleitfaden

Interview-Nr.:_____

Interview durchgeführt am:_____

Ort des Interviews:_____

Gesprächspartner:_____
Name (Zuname, Vorname, ggf. Titel)

_____

Unternehmen (Firma, Adresse):_____

_____

Telefonnummer / Email-Adresse: _____

_____

Funktion des Gesprächspartners im Unternehmen:_____

_____

1. **Organic Farmers / Actors**

- how old are organic farmers?
  - Are they younger than conventional farmers?
- do you know what nationality they have got?
  - *According to OLIVER MOORE, people from England, the Netherlands and Germany and other parts of Europe came to Ireland and founded organic farms; is the number of foreign organic farmers still higher than the one of Irish organic farmers? Or are there more Irish organic farmers now?*
- do you know if they have got an agricultural background?
- do you know where they did grow up?
  - Urban background
  - Rural background
- what kind of educational background do organic farmers have?
  - Is it comparable to the one of conventional farmers?
  - *According to MOORE, the immigrants who came to Ireland in the 1970 / 1980s often had an university degree*
  - *According to HELGA WILLER, farmers in the South-East of Ireland have got an higher educational level than farmers in other parts of the country; is this still the fact?*
- what are the motivation and reasons for farmers to convert to organic farming?
  - Spirituality / anthroposophy / world view / philosophy of life
  - Environmental concerns
  - Economic reasons
  - Health aspects (i. e. farmers had an allergy towards artificial herbizids or fertilizers)
  - Co-ops as starting help

2. **historic development of organic farming in Ireland**

- *OLIVER MOORE named four stages of development: spiritual / solitary, self-sufficiency, selling / commercialisation, split*
- *Anglo-Irish farmers were one of the pioneers of organic farming in Ireland from 1936 to 1970; they often had large estates*
- Why did these Anglo-Irish farmers convert to organic farming?
  - "Zeitgeist?" / spirit of the age
  - world view / philosophy of life / anthroposophy / Steiner influenced
  - connections to England and therefor it was easier for them to get into touch with organic farming
- are these pioneer farms still existing?

- *in 1970s / 1980s a lot of immigrants from England, the Netherlands and Germany came to Ireland and started organic farms (MOORE; WILLER)*
  - *their aim was to be self-sufficient and they wanted to work in their trained and learned job*
  - *according to WILLER, these immigrants are very important for the spread of organic farming in Ireland*
  - what do you think about this fact?
- *according to WILLER, organic farming in Ireland is not only an Irish phenomenon*
  - what do you think about this fact?
  - Did organic farming in Ireland become an Irish phenomenon?
    - If so, when and why did it become an Irish phenomenon?

3. geographical conditions

- is Ireland predestinated for organic farming because of it`s already existing extensive grazing management?
  - Is it therefore easier for livestock farms to convert to organic farming, because farming conditions are already given?
- where are the organic farms located?
  - Are most of the farms located in the South-East of Ireland like in the pioneer era?
  - Or are most of the farms located in the North-East where a lot farms where founded in the 1970s / 1980s?
  - Are the farms located in the periphery of bigger cities, i. e. Dublin and Cork?
- is the late spread of organic farming in Ireland due to the fact that it is an island?

4. modernisation and organic farming

- is there a connection between the modernisation in Ireland and the spread of organic farming in Ireland?
  - *Modernisation consists of:*
    - *Economic growth*
    - *Social change*
    - *Socio-cultural aspects*

5. general conditions

socio-cultural conditions

a) organic farming as a social movement

-   *according to WILLER, one of the roots of organic farming in Ireland is the "back-to-nature"-movement of the 1970s*
    -   do you agree?
    -   Or was this movement the reason for foreigners to come to Ireland, because the environment was not too damaged there, yet?
-   *according to CAWLEY (quoted in WILLER), organic movement in Ireland is not as huge as in other European countries*
    -   what do you think might be the reason?
    -   Could we regard the introduction of organic farming methods through foreigners as a kind of "cultural imperialism"?
-   *according to MACBAIN (quoted in WILLER), "pollution itself is the seedbed for organic ideas."*
    -   Might this be a reason why there is no original Irish organic farming?
        Because there is not much pollution in Ireland like in England or Germany
-   *according to WILLER, the green movement was not very much accepted at the beginning of the 1990s*
    -   did it change?
    -   is it accepted now?

b) the role of the immigrants

-   *according to KOCKEL (quoted in WILLER), immigrants are catalysts for innovations*
    -   *they show native Irish farmers new methods of farming*
    -   *they help to save traditional crafts and music*
    -   *they are more open for innovations*
    -   do you agree or disagree?

c) the role of the farmers with large estates in the South-East

-   *according to WILLER, farmers in the South-East are more open for innovations*
    -   do you agree?
-   *according to AALEN (quoted in WILLER), farmers in the South-East pay a lot of attention of a careful treatment of the soil*
    -   do you agree?

d) other social reasons and conditions

- how is organic farming accepted by the Irish people?
  - *Quote in WILLER, organic farming was regarded suspicious until the beginning of the 1990s because it was seen as a retrograde step back to old-fashioned ways of production which were associated with poverty and famine*
  - Did this change?
- how is the population informed about organic farming?
  - Is there a certain organic label etc.?
- are consumers in Ireland to be seen as "Pull-Factor"? (see TOVEY)
  - at first demand, followed by offer

political and agri-structural reasons

- did any food scandals occur in Ireland like in i. e. Germany which led to an higher demand for organic food and to an increase of conversions?
- *according to WILLER, the consulting system was not really well developed until the beginning of the 1990s and there were not any demonstration farms and therefor organic farming was not much spread*
  - did the situation change?
- is the REPS system a cause of the spread of organic farming or is it an effect of the spread of organic farming (or both)?

economic reasons

- is it due to the REPS that it is now easier for farms with animal husbandry to convert to organic farming?

Zu 6.2: Die gegenwärtige Situation

Tab.: Anzahl der ökologischen Betriebe und des ökologisch bewirtschafteten Landes
[ha] in den einzelnen Counties Irlands [Stand 31.12.2002]

County	Anzahl der Betriebe	Ökologisch bewirtschaftetes Land [ha]
Cork	161	5.646
Clare	81	3.260
Limerick	78	2.634
Galway	67	1.838
Leitrim	60	1.726
Kerry	59	1.859
Roscommon	54	1.210
Tipperary	46	1.762
Mayo	39	1.102
Westmeath	33	1.122
Sligo	27	706
Wicklow	23	657
Meath	23	644
Kildare	23	547
Wexford	21	676
Dublin	18	794
Offaly	17	658
Waterford	17	562
Kilkenny	16	455
Cavan	14	414
Monaghan	11	262
Donegal	10	399
Carlow	7	277
Longford	7	202
Laois	6	280
Louth	5	143

Quelle: nach DAF, 2002, S. 22

113

Zu 6.2.1.1 Das Rural Environment Protection Scheme (REPS)

Folgende Maßnahmen sind im Rahmen des REPS verpflichtend (vgl. FAL, 1999, S. 121; vgl. DAF, o. J., S. 7ff.):

1. Erstellen eines Abfallwirtschafts-, Düngungs- und Kalkungsplans
2. Erstellen eines Grünland-Management-Plans
3. Schutz und Erhalt von Wasserläufen, Wasserkörpern und Brunnen
4. Schutz von Habitaten (Lebensräumen)
5. Erhalt von Hecken und Mauern
6. Verzicht von Düngung und Pflanzenschutz entlang von Gewässern und Hecken
7. Schutz von historisch und archäologisch bedeutsamen Landschaftselementen
8. Erhalt und Verschönerung von Hofgebäuden und –flächen
9. Verzicht auf Wachstumsregulatoren im Getreidebau
10. Teilnahme an Schulungen zu umweltschonenden Bewirtschaftungsmaßnahmen
11. Führen einer Ackerschlagkartei und eines Berichtsheften über die durchgeführten umweltrelevanten Maßnahmen

Des Weiteren gibt es noch sechs zusätzliche Maßnahmen („supplementary measures"), jedoch berechtigt nur eine dieser Maßnahmen zum Erhalt einer Prämie (vgl. FAL, 1999, S. 121). Die sechs zusätzlichen Maßnahmen lauten (vgl. ebenda, S. 121; vgl. DAF, o. J., S. 34ff.):

1. Erhalt von Wachtelkönig-Habitaten
2. Erhalt traditioneller irischer Streuobstwiesen
3. Haltung und Zucht lokaler, vom Aussterben bedrohter Rassen
4. Schutz von Uferrandzonen
5. Schaffung so genannter LINNET (Land invested in nature, natural eco-tillage) Habitate
6. Ökologischer Landbau

Tab.: Zusätzliche REPS – Zahlungen für ökologische Landwirte

Status des Betriebes	Betriebsgröße 3 ha (1 ha + Gemüse)	Betriebsgröße 3 ha – 55 ha	55 ha
In Umstellung	242 € / ha	181 € / ha	30 € / ha
Bereits ökologisch zertifiziert	121 € / ha	91 € / ha	15 € / ha

Quelle: nach TEAGASC, 2004, S. 6

Tab.: Daten zum REPS 2 – Programm im Zeitraum vom 1.01.2005 bis 31.08.2005

County	Geförderte Betriebe	Fördersumme insgesamt [€]	Geförderte landwirt-schaftliche Nutzfläche [ha]	Anzahl der Teilnehmer
Carlow	116	605.873,65	4.247,340	149
Cavan	516	2.046.271,70	13.285,713	782
Clare	757	4.112.577,83	29.785,341	1205
Cork	1059	5.489.801,11	39.637,736	1443
Donegal	1898	9.937.277,52	67.096,865	2721
Dublin	31	135.068,36	956,392	45
Galway	2556	12.501.292,47	85.448,023	3819
Kerry	1318	8.470.310,05	73.716,481	1713
Kildare	157	668.771,40	4.513,047	221
Kilkenny	173	789.881,59	5.617,611	131
Laois	172	756.907,58	5.267,264	289
Leitrim	533	2.439.837,77	15.811,219	789
Limerick	333	1.473.324,17	10.477,619	464
Longford	477	1.991.869,49	13.453,297	693
Louth	105	445.339,96	2.716,870	347
Mayo	2314	11.422.160,73	77.183,801	3539
Meath	295	1.191.926,29	8.266,739	408
Monaghan	455	1.614.390,22	10.642,247	416
Offaly	425	1.984.302,45	14.050,477	574
Roscommon	869	3.638.064,38	23.419,214	1446
Sligo	642	3.040.966,56	21.013,223	880
Tipperary (Nord)	246	1.214.732,46	8.829,904	363
Tipperary (Süd)	223	1.120.437,46	8.698,629	320
Waterford	189	981.724,33	8.376,751	344
Westmeath	297	1.246.569,84	9.123,291	464
Wexford	251	1.276.942,63	8.985,040	335
Wicklow	158	912.743,52	7.642,591	219
Summe	*16.565*	*81.509.365,52*	*578.262,725*	*24.119*

Quelle: nach DAF, REPS Facts and Figures, 2005

Tab.: Daten zum REPS 3 – Programm[90] im Zeitraum vom 1.01.2005 bis 31.08.2005

County	Geförderte Betriebe	Fördersumme insgesamt [€]	Geförderte landwirtschaftliche Nutzfläche [ha]	Anzahl der Teilnehmer
Carlow	196	1.358.917,08	8.238,234	330
Cavan	649	3.295.315,67	19.825,362	1006
Clare	544	3.523.630,22	21.761,054	989
Cork	1442	9.405.933,28	57.391,745	2115
Donegal	722	4.597.955,13	28.753,486	1139
Dublin	40	222.535,41	1.546,862	58
Galway	1187	6.924.164,28	40.732,591	1945
Kerry	796	5.359.711,03	34.964,670	1212
Kildare	207	1.347.944,65	8.233,327	310
Kilkenny	656	4.603.370,44	27.374,948	519
Laois	478	3.031.525,50	18.105,455	756
Leitrim	500	2.914.349,42	15.910,299	832
Limerick	610	3.989.414,94	22.573,952	976
Longford	233	1.482.614,48	8.784,856	419
Louth	91	558.049,56	3.257,245	475
Mayo	1315	7.453.140,04	44.462,148	2308
Meath	382	2.271.173,15	13.212,305	564
Monaghan	548	2.784.705,96	15.402,026	611
Offaly	417	2.702.905,81	17.047,709	617
Roscommon	540	2.981.910,15	17.744,026	1005
Sligo	446	2.503.615,05	15.579,084	710
Tipperary (Nord)	502	3.537.030,18	20.847,743	810
Tipperary (Süd)	564	3.644.362,71	23.416,468	802
Waterford	376	2.678.141,76	18.241,146	1077
Westmeath	438	2.774.922,16	17.057,678	778
Wexford	468	3.148.969,50	18.640,650	688
Wicklow	270	1.776.959,33	11.257,832	399
Summe	*14.617*	*90.873.266,89*	*550.362,901*	*23.450*

Quelle: nach DAF, REPS Facts and Figures, 2005

---

[90] Diese Datengrundlage beinhaltet sowohl neue Teilnehmer am REPS 3 – Programm als auch solche, die von den ersten beiden REPS – Programmen zu REPS 3 gewechselt sind.

Tab.: Fördersummen insgesamt im Rahmen des REPS von 1994 bis zum 31.08.2005

County	Fördersummen insgesamt [€]
Carlow	17.010.198,05
Cavan	54.501.482,56
Clare	95.515.625,57
Cork	130.666.342,22
Donegal	129.735.618,01
Dublin	4.011.830,87
Galway	197.393.968,66
Kerry	112.272.634,50
Kildare	24.800.219,49
Kilkenny	42.092.071,78
Laois	40.735.902,06
Leitrim	75.290.755,43
Limerick	54.324.590,29
Longford	41.262.078,88
Louth	11.643.515,58
Mayo	193.585.174,75
Meath	35.733.774,40
Monaghan	33.915.170,13
Offaly	50.579.162,97
Roscommon	60.176.487,18
Sligo	50.931.228,51
Tipperary (Nord)	48.292.583,25
Tipperary (Süd)	43.972.351,22
Waterford	32.990.375,64
Westmeath	51.406.729,61
Wexford	42.359.250,45
Wicklow	21.416.568,19
Summe	*1.696.615.690,24*

Quelle: nach DAF, REPS Facts and Figures, 2005